U0271249

Status Report
on Filtered Containment Venting

安全壳过滤排放技术 进展报告

Committee on the Safety of Nuclear Installations 著

杨军 徐乐瑾 杨晔 译

华中科技大学出版社
http://www.hustp.com
中国·武汉

内 容 简 介

　　2011年日本福岛核事故发生后,对核电厂严重事故的分析及缓解措施重新引发了业界的广泛关注。安全壳过滤排放系统作为重要的严重事故缓解措施之一,可通过过滤、排气、降压,防止安全壳超压失效,从而显著降低放射性物质大规模泄漏的可能性。本书对全球主要核能国家核电厂安全壳过滤排放系统的相关政策和应用现状进行了总结,阐述了该系统在不同国家的法规要求、操作程序和设计规范等,并详述了多种过滤排放技术的特点和优势,提供了关于过滤排放系统较权威的技术资料与信息。

图书在版编目(CIP)数据

安全壳过滤排放技术进展报告/核设施安全委员会著;杨军,徐乐瑾,杨晔译.—武汉:华中科技大学出版社,2021.7

ISBN 978-7-5680-7260-1

Ⅰ.①安…　Ⅱ.①核…②杨…③徐…④杨…　Ⅲ.①安全壳(反应堆)—过滤设备—技术发展—研究报告—世界②安全壳(反应堆)—放射性废物处置—研究报告—世界　Ⅳ.①TL364

中国版本图书馆 CIP 数据核字(2021)第 130360 号

安全壳过滤排放技术进展报告	Committee on the Safety of Nuclear Installations　著
Anquanqiao Guolü Paifang Jishu Jinzhan Baogao	杨军　徐乐瑾　杨晔　译

策划编辑:余伯仲
责任编辑:程　青
封面设计:廖亚萍
责任监印:周治超
出版发行:华中科技大学出版社(中国·武汉)　　　电话:(027)81321913
　　　　　武汉市东湖新技术开发区华工科技园　　　邮编:430223
录　　排:武汉三月禾文化传播有限公司
印　　刷:湖北新华印务有限公司
开　　本:787mm×1092mm　1/16
印　　张:10.5　插页:6
字　　数:238千字
版　　次:2021年7月第1版第1次印刷
定　　价:89.80元

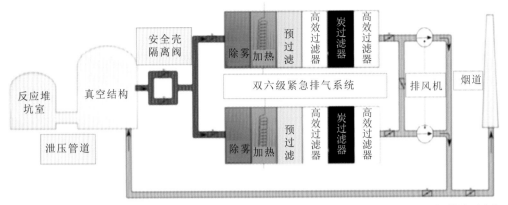

图4-2 应急过滤空气交换系统

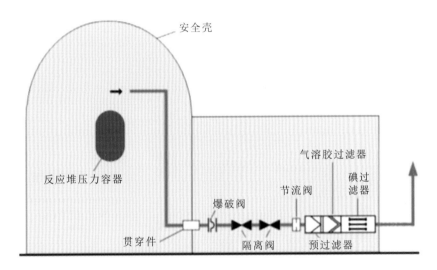

图4-6 带有分子碘过滤器的大气金属纤维过滤器系统,该方案由德国研究中心开发,由克兰茨实施

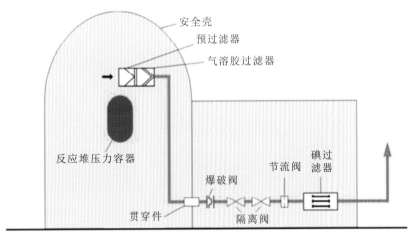

图4-7 带有分子碘过滤器的压力运行金属纤维过滤器,该方案由德国研究中心开发,由克兰茨实施(所有采用这种方法的核电站现今都已关闭)

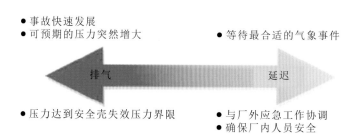

图5-1 排放规范

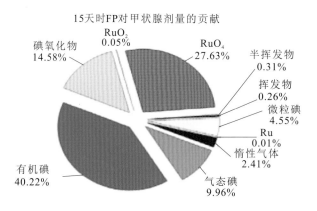

图8-1 钌和碘对带有安全壳排放(以及主动安全系统故障)的概率安全
分析2级分析,(1300WMe压水堆)事故后果的放射性影响

图A-2 应用于塞纳河畔诺让的1300 MW压水堆砂床过滤器

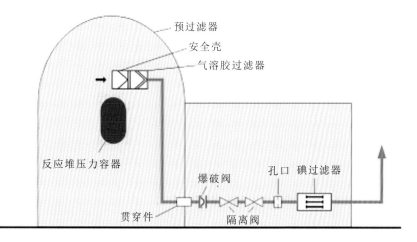

图B-2 安全壳内过滤排放的干式过滤器及气溶胶过滤器示意图

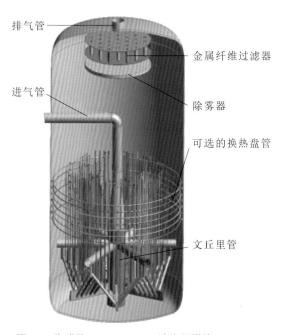

图B-4 集成的FILTRA-MVSS洗涤器模块

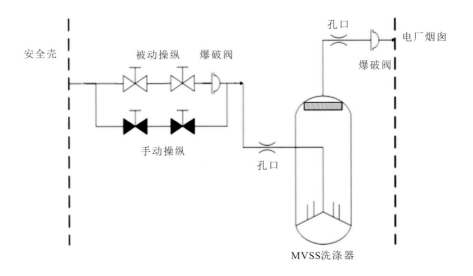

图B-5　FILTRA-MVSS文丘里洗涤器简化的系统配置

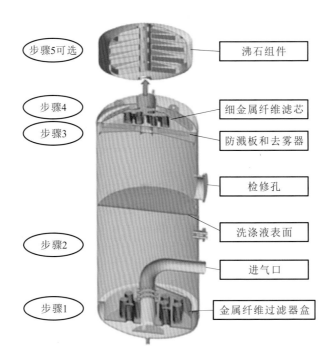

图B-6　集成的SVEN安全壳过滤排放系统

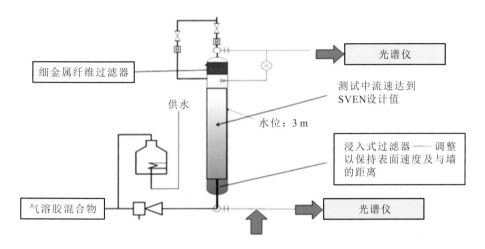

图B-7　SVEN的集成气溶胶测试平台

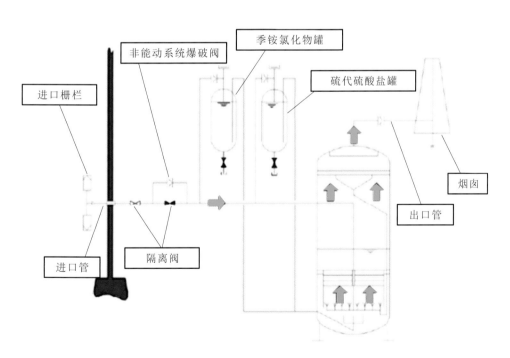

图C-1　CCI安全壳过滤排放系统简图

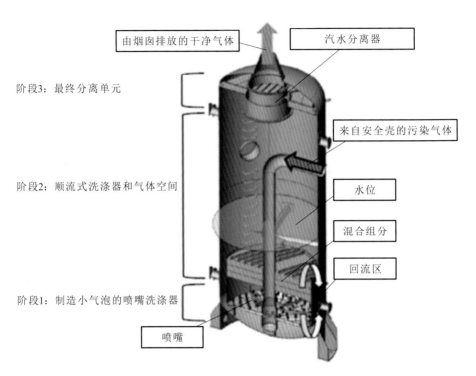

阶段3：最终分离单元

阶段2：顺流式洗涤器和气体空间

阶段1：制造小气泡的喷嘴洗涤器

由烟囱排放的干净气体

汽水分离器

来自安全壳的污染气体

水位

混合组分

回流区

喷嘴

图C-2　CCI安全壳排放过滤容器

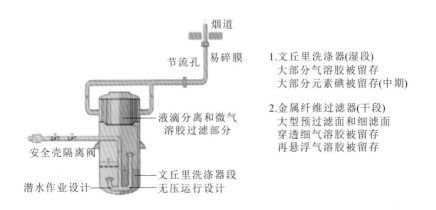

烟道

节流孔　易碎膜

液滴分离和微气溶胶过滤部分

安全壳隔离阀

文丘里洗涤器段

潜水作业设计　无压运行设计

1.文丘里洗涤器(湿段)
　大部分气溶胶被留存
　大部分元素碘被留存(中期)

2.金属纤维过滤器(干段)
　大型预过滤面和细滤面
　穿透细气溶胶被留存
　再悬浮气溶胶被留存

图D-1　阿海珐公司组合式文丘里洗涤器安全壳过滤排放系统标准方案

图D-2　标准化的安全壳过滤排放系统安装示例

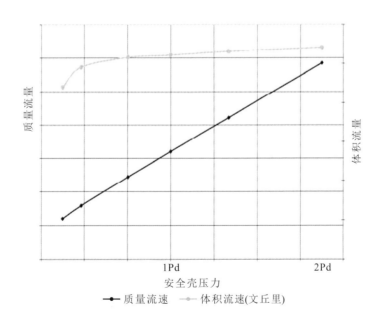

图D-3　高速滑压过程——在排放阶段，质量流速与体积流速的比较

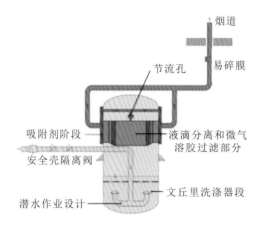

烟道

节流孔　　易碎膜

吸附剂阶段

安全壳隔离阀

潜水作业设计 —— 文丘里洗涤器段

—— 液滴分离和微气溶胶过滤部分

1.文丘里洗涤器(湿段)
　大部分气溶胶被留存
　大部分元素碘被留存(中期)

2.金属纤维过滤器(干段)
　大型预过滤面和细滤面
　穿透细气溶胶被保留
　再悬浮气溶胶被留存

3.吸附剂部分
残留和再挥发碘(元素和有机)被留存

图D-4　阿海珐公司组合式文丘里洗涤器FCVS PLUS概图

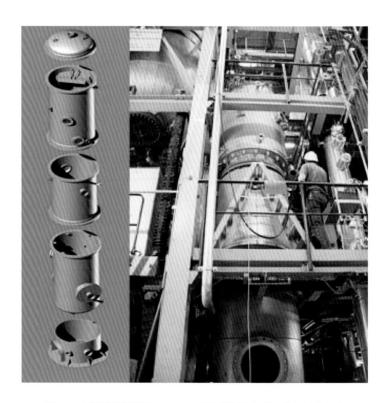

图D-5　计算机模型和JAVA PLUS测试设备（德国卡尔什太因）

序

　　发展核电是我国重要的能源战略。随着"一带一路"倡议的推进,我国推动了与多个国家的核能合作,核电作为我国出口的"两张名片"之一开始走向国际市场。在可预见的将来,核能仍将是全球能源结构中不可或缺的重要组成部分。

　　安全性一直是核能发展的首要前提。长期以来,我国核电一直保持良好的安全运行业绩。2011 年,日本福岛核事故发生后,对核电站严重事故的分析及缓解措施重新引发了核工业界的广泛关注。其中,安装核电站安全壳过滤排放系统是严重事故的重要缓解措施之一,该系统可以通过过滤、排气、降压,防止安全壳超压失效,从而显著降低放射性物质大规模泄漏的可能性。目前,全球许多国家已启动了安全壳过滤排放系统的研究与设计工作,安全壳过滤排放系统在全球许多核电站中得到了安装和部署。我国在运、在建以及规划中的多数核电站也配置了安全壳过滤排放系统。

　　2014 年,经合组织发表了一份报告,对核电站安全壳过滤排放系统在主要成员国的政策和应用现状进行了较权威的总结和分析。该报告包含了丰富的、高价值的技术资料和信息,有助于进一步开展相关的研究与设计工作。华中科技大学的科研人员获得了经合组织的许可并将该报告翻译成中文,交由华中科技大学出版社出版。我很高兴将这本书推荐给广大从事核电站安全工作的科技工作者、工程师以及监管部门人员参考。

中国工程院院士

华中科技大学原校长

2020 年 10 月

译 者 序

安装安全壳过滤排放系统是一种应对和缓解核电站严重事故的措施,其能够通过排气、降压防范潜在的安全壳超压失效风险,避免或减少放射性物质释放到外部环境中,其设计思想是由"堵"到"疏",与中国古代大禹治水的理念有相通之处。安全壳过滤排放系统已有较长时间的应用历史。20世纪80年代以来,世界上许多核电站已安装了过滤排放系统。2011年,日本福岛核事故发生之后,对核电站严重事故的分析及缓解措施重新引发了业界的广泛关注。其中,对于适用于缓解严重事故的安全壳过滤排放系统,各国启动了相关听证、评估和研究工作,很多国家开始要求核电站加装或者强化现有的安全壳过滤排放系统。2014年,经合组织公开发表了一份报告,总结了主要核能国家核电站安全壳过滤排放系统的政策和应用现状。

在中国,随着核电产业的迅速发展,对安全壳过滤排放系统的研究与开发也日益受到重视,相关的研究项目出现在重点研发计划等国家科技计划中。为了充分传播该报告的成果,获得经合组织许可后,译者将报告翻译成中文并出版,希望能为当前的科技研究和政策制定工作提供参考。需要指出的是,原报告发表以后,部分内容在2015年国际原子能机构的专题研讨会综合报告中进行了更新;另外,原报告没有给出中国和印度等国的相关情况。因此,译者在本书末尾增加了附录E"安全壳过滤排放系统在亚洲的情况",以方便读者全面了解这一部分信息。另外,由于技术发展和政策的变化,本书中的数据和情况可能在近几年已有一些变化,请读者留意。本书翻译过程中,王诗琦、董世昌、余伯仲等提供了语言修订和文字校对方面的协助,薛小刚、刘鸿运、陆道纲、方成跃、夏虹、沈皓、王红艳、丘丹圭、郭江、陈玲、刘长亮、王益元等业内专家学者提供了宝贵意见,在此表示衷心感谢。

由于译者水平和经验有限,本书内容难免有疏漏之处,请读者不吝指正。

译者
2021年7月
于华中科技大学

原著作者名单

主要作者

姓名	所属组织,国家
D. Jacquemain	放射性原子能研究机构,法国
S. Guentay	保罗谢尔研究院,瑞士
S. Basu	美国核管会,美国
M. Sonnenkalb	电站与反应堆安全协会,德国
L. Lebel	AECL,加拿大
H. J. Allelein	尤利希研究中心,德国
B. Liebana Martinez	伊比德罗拉(Iberdrola),西班牙
B. Eckardt	阿海珐,法国
L. Ammirabile	欧盟委员会

提供信息或评审意见的个人和单位

姓名	所属组织,国家
D. Gryffroy	BEL V,比利时
L. Sallus	法国燃气苏伊士集团,比利时
A. Kroes	西屋电气,比利时
T. Rensonnet	西屋电气,比利时
S. Gyepi-Garbrah	加拿大核安全委员会,加拿大
A. Viktorov	加拿大核安全委员会,加拿大
J. Duspiva	原子能研究所,捷克
T. Routamo	辐射与核安全局,芬兰
S. Guieu	法国电力公司,法国
N. Losch	阿海珐,法国
A. Hotta	JNES,日本
H. Nakamura	JAEA,日本
J. H. Song	KAERI,韩国
K. S. Ha	KAERI,韩国
C. Filio	国家核安全保证委员会,墨西哥
M. Kissane	经合组织核能机构(OECD/NEA)
M. V. Kuznetsov	俄罗斯联邦国家国有企业核安全部门(FSUE VO Safety),俄罗斯
L. Kubisova	UJD,斯洛伐克
T. Nemec	NSA,斯洛文尼亚
W. Frid	SSM,瑞典

| D. Loy | 联邦核安全检查委员会，瑞士 |

提供已安装的安全壳过滤排放系统相关信息的个人和单位

姓名	所属组织，国家
B. Eckardt	阿海珐，法国
N. Losch	阿海珐，法国
S. Guieu	法国电力公司，法国
D. Pellini	IMI Nuclear，瑞士
T. Zieger	IMI Nuclear，瑞士
A. Kroes	西屋电气，比利时
A. Anden	西屋电气，比利时

提供完整审查报告的个人和单位

姓名	所属组织，国家
L. Herranz Puebla	CIEMAT，西班牙
J. Ball	AECL，加拿大

秘书处

姓名	组织，国家
A. Amri	经合组织核能署
M. Kissane	经合组织核能署

缩略语翻译

AC	安全委员会(核安全委员会)
AECL	加拿大原子能有限公司
CIEMAT	(西班牙)核能技术投资中心
CNSC	加拿大核安全委员会
CNSNS	墨西哥国家原子能核安全委员会
CSNI	核设施安全委员会
DBA	设计基准事故
DC	直流电
DEC	设计扩展条件
DEHS	葵二酸二异辛酯
DF	去污因子/净化因子
DFM	干燥过滤方法
DOP	邻苯二甲酸二辛酯
ECS	补充安全评估
EDF	法国电力公司
EFADS	应急过滤排放系统
ENSI	(瑞士)联邦核安全检查委员会
ENSREG	欧洲核安全监管机构
EOP	应急操作规程
EPG	应急程序指南
EPR	欧洲压水堆
EPRI	电力研究院(美国)
EU	欧盟
FCI	燃料-冷却剂相互作用
FCV	安全壳过滤排放
FCVS	安全壳过滤排放系统
FILTRA-MVSS	过滤器-多文丘里洗涤器系统
GE	通用电气
GIAG	(法国)严重事故干预指南

GRS	（德国）电站与反应堆安全学会
HCVS	强化安全壳排放系统
HEPA	高效微粒吸收
HPCI	高压路注入
HSSPV	高速滑动文丘里压力系统
IAEA	国际原子能机构
IRSN	核安全与辐射防护研究院（法国）
ISTP	国际源项方案（CEA-IRSN）
JAEA	日本原子能机构
JAERI	日本原子能研究院
JNES	日本核能安全组织（已并入日本核管局）
KAERI	韩国原子能研究机构
LACE	轻水反应堆安全壳气溶胶实验（橡树岭国家实验室（ORNL））
LB-LOCA	大破口冷却剂丧失事故
LCF	潜在癌症致死率
LOOP	外部电力失效
LTO	长期运转
LTSBO	长期电站全厂断电
MAAP	模块化事故分析程序——由 Fauske & Associates 有限公司开发的一体化严重事故程序
MACCS	MELCOR 事故后果代码系统
MCCI	熔融物-混凝土相互作用
MELCOR	由亚利桑那实验室为美国核管理委员会开发的一体化严重事故程序
MIRE	缓解放射性泄漏试验（辐射防护安全机构）
MMD	质量中位直径
MVSS	多文丘里洗涤器系统
NEA	核能机构
NPP	核电站
NSA	（斯洛文尼亚）国家核管会
NTTF	短期工作小组
OECD	经济合作与发展组织（经合组织）
PAR	非能动自动催化复合器
PASSAM	严重事故源项缓解非能动和能动系统试验（欧盟）

PCPL	主安全壳压力限制
PHWR	加压重水反应堆
PRG	方案审查小组
PSA/PRA	概率安全评价/概率风险评估
PSI	保罗·谢尔研究院(瑞士)
PSR	周期性安全评估
PSV	周期性安全访问
PWR	压水反应堆
R&D	研究与发展
RBMK	Bolchoï Molchnasti Kanalnyi 反应堆
RCIC	反应堆堆芯冷却剂(系统)
RCS	反应堆冷却剂系统
RI	有机碘
RPV	反应堆压力容器
RSK	(德国)反应堆安全委员会
SA	严重事故
SAM	严重事故管理
SAMG	严重事故管理指南
SAMM	严重事故管理措施
SECY	(美国核管理委员会)项目文书
SNL	美国桑迪亚国家实验室
SOARCA	先进的反应堆结果分析
SSM	(瑞典)辐射安全管理局
ST	源项
STB	地坑硼砂泵(法国电力公司提出的措施以限制来自地坑的挥发性碘)
STSBO	短期电站全厂断电
STEM	源项评估和缓解试验——经合组织项目(辐射防护安全机构)
STUK	(芬兰)辐射与核安全局
SULZER CCI	苏尔寿CCI过滤排放系统
TECSPEC	技术规范
THAI	反应堆热工水力、氢、气溶胶、碘试验——经合组织项目(贝尔克技术)
TMI	三哩岛
UJD	斯洛伐克核监管局
UJV	捷克原子能研究机构

UKAEA	英国原子能管理局
USNRC	美国核管理委员会
VTT	（芬兰）技术研究中心
VVER	水-水能量反应堆（俄罗斯）
WENRA	西欧核监管者协会
WGAMA	事故分析与管理工作组

目　　录

# 执行摘要

福岛第一核电站事故发生后,核能署核设施安全委员会(CSNI)决定启动几项高优先级活动。对核电站进行压力测试的结果使许多国家考虑在核电站中安装安全壳过滤排放系统(FCVS),以增强核电站应对严重事故工况的能力。此外,为了使安全壳过滤排放系统能够在一些特殊事故工况下安全可靠地运行,一些国家考虑改进现有的安全壳过滤排放系统及其操作规程。

1988年5月,CSNI发布了安全壳过滤排放系统报告。此后,用以评估严重事故与过滤技术所引起的放射性释放的知识理论与相关计算工具取得了重大进步,过滤技术也取得了重大突破,目前已有多种安全壳过滤排放系统应用于世界各地的核电站。一些国家认为,虽然安全壳过滤排放系统通常用于应对安全壳内压力缓慢增加的情况,但是在事故早期阶段,具有过滤功能的安全壳排放系统也可以在控制安全壳内快速增压方面发挥重要作用。基于理论知识、技术和应对策略上的发展,国际核设施安全委员会事故分析与管理工作组(WGAMA)制定了安全壳过滤排放系统最新的进展报告。

制定该进展报告的主要目的如下:

(1)为已安装或计划安装于轻水堆(沸水堆和压水堆)及加压重水反应堆的安全壳过滤排放系统汇编进展报告;

(2)介绍不同国家排放系统和过滤策略的需求;

(3)介绍现有可用的不同安全壳过滤排放系统及其性能;

(4)介绍安全壳过滤排放系统的设计规范;

(5)讨论安全壳排放的可能缺陷,比如误开启、低压风险等;

(6)从事故管理的角度分析硬件和系统质量是否有提升的空间;

(7)总结安全壳排放措施进展,尤其是须与决策过程结合来启动安全壳排放的措施方面。

该进展报告达到了以上所列出的大多数目的,然而,在两个方面有局限性:第一,关于现有过滤系统性能的部分信息是有版权限制的,安全壳过滤排放系统设计者未公开;第二,关于在严重事故管理策略和指南中描述的排放策略,尤其是关于决策过程的描述方面,从各个

国家获得的相关信息都非常有限。需要强调的是,每个国家的决策过程都高度依赖于应急响应组织。

该进展报告由与核领域利益相关者协商编制,包括终端用户、安全评审部门、技术安全组织、研究机构、安全壳过滤排放系统设计者和电厂。

该进展报告提供了与安全壳过滤排放系统有关的安全要求的综合描述(见第 3 章),以及由多个国家提供的安全壳过滤排放系统应用现状(见第 4 章)。不同的国家对安全壳过滤排放相关部分的细节描述不同,反映了现在国际上对安全壳过滤排放系统技术评估存在差异这一事实。进一步说,在不同的国家,由于安全监管要求不同,不一定强制要求安装安全壳过滤排放系统,或者不将安全壳过滤排放系统作为基础性的防范措施来防止安全壳超压。根据安全壳过滤排放系统的排放策略及目的,可根据以下要求描述系统:排放能力(导出衰变热、降压速率),排放开启压力和排放关闭压力,排放时间(如延迟大于 1 天),排放系统设计要求,可能的氢负载,辐射程度(环境污染的最大程度),电站工人和民众的保护措施(对于延迟排放),安全壳过滤排放系统对放射性气溶胶、分子碘等的去污因子。具体讨论详见报告。

第 5 章介绍了安全壳过滤排放系统的应急操作程序和严重事故管理策略。安全壳过滤排放系统被认为是一个用于保护安全壳完整性的附加系统(无论事故多么严重,该系统都保持安全壳内的压力低于安全限值直到工况稳定)。作为压水堆和沸水堆的严重事故管理策略中的一部分,安全壳过滤排放系统主要用于严重事故管理,也可用于一些重水堆的设计基准事故管理。除了应对安全壳内的长期增压,一些国家也考虑在反应堆设计中将安全壳过滤排放系统应用于事故管理。例如,对沸水堆来说,在热阱丧失的情况下移除衰变热或者降低安全壳中的氢含量。

第 6 章介绍了现有的过滤技术,如湿式过滤器、深层过滤和不同的吸附系统。该报告中介绍的所有安全壳过滤排放系统的技术或者产品,仅反映下列事实:目前这种系统是可用的而且信息已由相关的设计者提供。目前也有其他的系统正在被开发或即将商业化,由设计者提供的系统细节信息见本书附录。如前所述,关于现有的过滤系统性能的部分信息是专利性质的,安全壳过滤排放系统设计者未公开。而对于现有的系统,重点强调以下两方面:

(1)大多数安全壳过滤排放系统是以 20 世纪 80 年代晚期的理论知识为基础进行设计的。对于现有系统的设计与实施情况(基于研发结果和电站安全审查,尤其是用以改善总过滤效率的外加过滤阶段),一些系统已更新升级。

(2)为了尽可能扩展安全壳过滤排放系统的应用范围,需要不断改进系统性能以应对更大挑战。

第 7 章介绍了安全壳过滤排放系统的一般设计要求和具体设计特点,并推荐了最新的过滤技术。该章节以及其他章节(尤其是第 9 章和第 10 章)可以用于指导安全壳过滤排放系统的应用。

各个国家在事故分析中都考虑了源项评估。源项评估对安全壳过滤排放系统监管评估及指导其设计和运行具有重要意义。本报告的第 8 章为源项评估研究,该内容仅针对那些对安全壳过滤排放系统性能进行了具体源项评估并提供详细信息的国家。一般来说,源项评估是概率安全评估(PSA)第二级的一部分,该评估在许多国家是强制性质的,这里不再赘述。这些研究主要包括安全壳过滤排放系统在减少源项方面的性能,尽管该系统通常不单独检查。但是需要注意的是,对于来自反应堆冷却剂系统及安全壳表面和安全壳池地坑的放射性核素/气溶胶,它们在安全壳内的延迟性再挥发和再悬浮过程的相关知识,将基于正在进行的研究进行补充。

在安全壳过滤排放系统过滤方面,除了气溶胶外,还应特别关注有机碘和氧化碘的移除,因为在一些事故中,它们可能对源项起到很大的作用。另外,氧化钌对源项可能产生的影响也正在研究中。

目前已对排放过程释放的惰性气体的过滤过程进行了研究。但是目前没有可靠技术对这些物质进行高效的留存;另外,减少这些物质的释放的益处与弊端相平衡,在为留存惰性物质而设计的系统中,放射性积累可能会导致事故现场处于放射性危险中。

研究结果表明,与未过滤排放相比,高效过滤排放可大幅降低放射性的影响;法国和美国的研究结果表明,高效过滤排放的辐射影响将降低约一个数量级。在大多数国家,通过计算放射性影响的减少量足以得出安全壳过滤排放系统对于严重事故管理是有益的结论。但在美国进行的成本和效益研究中,安全壳过滤排放系统的效益还需综合考虑严重事故发生的低可能性(如低堆芯熔化率),因此并未得出合理的成本和效益结论。

第 9 章和第 10 章描述了目前评估的安全壳过滤排放系统的优点和缺点,并对现有系统提出了相关改进措施。这两章也可以用来指导将来安全壳过滤排放系统的设计、安装和运行,以降低运行风险。

总的来说,所有相关国家通过这项工作能够认识到安全壳过滤排放系统在应急反应、降低环境污染风险和公众健康影响,以及增加核电站的社会可接受度等方面有一些潜在益处。此外,安全壳过滤排放系统应与其他的严重事故管理措施相结合。在福岛核事故之前,安全壳过滤排放系统主要用来应对安全壳内压力长时间增加,新设计的安全壳过滤排放系统应具备应对更有挑战性事故状况的能力(例如在严重事故状况中,能够进行事故早期阶段的管理,能循环使用或者长时间使用)。为了改进现有的系统或者为未来的系统提供改进要求,安全壳过滤排放系统应对更严重工况的稳定性(包括承受多个外部事件)、使用安全性和可靠性,应当进一步评估。

第1章

绪论

当核电站发生严重事故时,安全壳过滤排放系统能够保护安全壳和核电站相关设备,同时有效减少放射性物质的释放。

福岛核事故表明,在没有其他降低安全壳内压力替代方案的情况下(在事故中,蒸汽和不凝结气体聚集使得压力不断增大),安全壳排放成为保护其结构完整性的一项重要事故管理措施。这场事故还凸显了另外两个方面:

(1)当安全壳排放系统启动时,在强度和压力适应能力方面,应该重新评估现有排放系统的设计和运行情况;

(2)为了能在极端破坏性事故中保证安全和使用可靠性,排放系统具有过滤功能是非常重要的,该功能可减少放射性物质释放至环境中。

安全壳过滤排放系统应用的基本假定是其不受反应堆自身状态的影响,通过排除蒸汽、空气及像氢这样的不凝结气体来避免安全壳结构产生灾难性的损坏。但是,没有过滤的安全壳排放气流可能对环境产生严重的放射性污染。所以在现有的排放系统中安装过滤系统,可大幅降低放射性物质的释放,该方案已被广泛应用于现有的安全壳过滤排放系统中。从安全角度看,对于事故的现场管理和潜在人群的保护方面,该方案也是非常有效的,该系统可以尽可能地减少由于安全壳排放造成的放射性物质释放。

在福岛核事故之后,一些国家补充了安全评估,安全壳过滤排放系统可有效提高严重事故响应能力,这让很多国家考虑将该系统应用于核电站中。而且,新增的安全评估项目使一些国家考虑改进现有的排放系统及其操作规程来应对严重事故。

基于以上介绍分析,在这个时间点进行关于安全壳过滤排放系统的最新论述是非常必要的,原因如下:自从20世纪80年代末,在第一个安全壳过滤排放系统正式使用以来,过滤技术和在严重事故中关于放射性物质释放的知识储备已经大幅更新;此外,有必要在更加严重的事故情况下,评估过滤排放系统在其中的重要作用(尤其是严重事故早期阶段的管理)。

1988年5月,经合组织核能机构核设施安全委员会组织了第一次关于安全壳过滤排放系统的专家会议[1]。除了关于不同安全壳过滤排放系统概念的信息交流外,也讨论了相关的研发分析情况、该系统的发展目标(包括风险的性质以及事故管理方面的挑战和应用软件）。专家会议的主要成果发表于经合组织核设施安全委员会 156 号报告中[2]。基于设备应用经验，在一些方面，系统的设计已经进行了提升和完善。而且，福岛核事故后，系统的进一步潜在改进开始被各国关注，尤其是其稳定性、使用安全性和过滤效率提升。因此报告的更新是必要的。

报告给出了一些国家在当前技术和排放策略方面的综合评述，设想了过滤技术的可能改进方向。这个报告也提供了安全壳过滤排放系统总体设计要求和特殊的设计建议，尤其是用最新的过滤技术保证在严重事故中安全壳过滤排放系统的可靠性和性能。

第2章
进展报告的背景和目的

2.1 安全的重要性

应用安全壳过滤排放系统的主要目的是避免由于事故中超压造成反应堆安全壳损坏，同时在严重事故中防止大量放射性物质持续不断进入环境中。

应用安全壳过滤排放系统的主要目的可总结为以下几方面：

（1）除了提供严重事故管理措施外，为工作人员提供管理核电站事故的最恰当方法，无论事故多严重，都可以保证安全壳的完整性，直到达到稳定工况；

（2）减轻放射性物质释放到环境中的程度，保护现场工作人员和民众的身体健康，尽量减少对环境的污染。

过滤排放系统能够有效过滤放射性物质，包括放射性的气溶胶粒子和放射性的气态物质，尤其是无机碘和有机碘。

根据最近的研究成果及由操作反馈和事故分析（包括福岛核事故）获得的数据，对现有和未来系统的性能进行更深入的评估，有助于不同的利益相关者确定是否需要改进系统和改进的方案是否可行，并确定未来可能采取的方案。

虽然到目前为止，没有任何安全监管部门要求过滤掉惰性气体，但如果在技术上可行，这可能是将来的安全壳过滤排放系统一项重要的功能，以降低现场工作人员和现场外人群的短期辐射暴露。

因此，这个报告有助于审查和评估核电站事故期间，安全壳和过滤排放系统中与放射性限制有关的安全措施，有助于提高现有核设施的安全性能。

2.2 制定进展报告的目的

制定进展报告的主要目的是：

（1）对轻水堆（包括沸水堆和压水堆）及加压重水反应堆中已经安装和计划安装的安全壳过滤排放系统的情况进行梳理；

（2）介绍不同国家关于安装排放系统和过滤措施的要求；

（3）介绍现有的各种过滤排放系统及其性能；

（4）介绍安全壳过滤排放系统设计规范；

（5）讨论安全壳过滤排放系统可能存在的问题，如误开启、低压风险等；

（6）从事故管理的角度分析硬件和系统的质量是否有改进的空间；

（7）总结目前安全壳排放措施应用的进展，尤其是要求与决策过程交互作用以启动安全排放的策略。

该进展报告可用于进一步指导以下工作：发展安全壳过滤排放系统优化策略，为系统设计提供前景规划等。该进展报告给出了当前过滤技术和排放策略进展的全面总结，包括提高过滤效率的技术发展情况。经与所有核领域利益相关者（终端用户、安全监管部门、技术安全组织、研究机构和电站）协商，该进展报告得以完成。

2.3 工作计划及参与的国家和组织

2.3.1 工作计划

安全壳过滤排放系统事故管理和分析工作组的启动会议于 2012 年 9 月 28 日在巴黎的核能署总部举行[3]。会议对进展报告的内容和编写团队成员进行了讨论。在其他组织机构的支持下，法国核安全与辐射防护研究院成为撰写报告的领导机构。编写团队最终由以下人员组成：来自法国核安全与辐射防护研究院的 D. Jacquemain（该机构主席）、来自保罗·谢尔研究院的 S. Guentay、来自欧盟委员会的 L. Ammirabile、来自加拿大原子能有限公司的 L. Lebel、来自阿海珐核能有限公司的 B. Eckard、来自伊比德罗拉核能有限公司的 B. Liebana Martinez、来自美国核管理委员会的 S. Basu、来自德国电站与反应堆安全学会的 M. Sonnenkalb 和来自尤利希研究中心的 H. J. Allelein。

报告所使用的数据通过统一模板收集，该模板在 2013 年 4 月被送往所有参与国家。来自比利时、加拿大、捷克、法国、德国、韩国、西班牙、瑞典和美国的文稿在 2013 年 6 月正式提交，并于 2013 年暑期全部汇编完成。

2013 年 9 月 5—6 日，工作组第二次会议在巴黎核能署总部召开。会议的目的是所有参与国家对安全壳过滤排放系统的状态信息进行交流，更新 1988 年的专家会议信息，并且讨论进展报告初稿的内容。

九月份的会议后，模板的第二版确定下来，并且芬兰、日本、墨西哥、斯洛文尼亚和斯洛伐克也提交了文稿。国际原子能机构和经合组织核能署也参与了这项工作。

工作组第三次会议于 2014 年 2 月 27 日在马德里举行，报告完成并于 2014 年 3 月提交给事故管理和分析工作组进行审核。同时进行了外部审核,该审核由加拿大原子能有限公司的 J. Ball 和西班牙核能技术投资中心的 L. Herranz Puebla 完成。2014 年 4 月,核设施安全委员会/项目审核小组完成审核;2014 年 6 月,核设施安全委员会认可并批准该报告。

工作计划时间节点如表 2-1 所示。

表 2-1　工作计划时间节点

事　项	时　间
安全壳过滤排放系统 CAPS 由核安全委员会批准	2012 年 6 月
筹备编写团队	2012 年 9 月
安全壳过滤排放系统事故管理和分析工作组启动会议收集相关国家的信息	2013 年 4—8 月
编写报告的第一次草拟版本	2013 年 7—8 月
安全壳过滤排放系统事故管理和分析工作组第二次会议	2013 年 9 月
编写报告的第二次草拟版本	2013 年 9 月—2014 年 1 月
安全壳过滤排放系统事故管理和分析工作组第三次会议	2014 年 2 月末
事故管理和分析工作组编写安全壳过滤排放系统的验证报告	2014 年 3 月初
事故管理和分析工作组审阅稿件	2014 年 3 月
外部审核稿件	2014 年 3 月
方案审查小组审核稿件	2014 年 4 月
核设施安全委员会认可并批准	2014 年 6 月

2.3.2　参与的国家和组织

以下国家和组织参与了该工作。

比利时:法国燃气苏伊士集团,BEL V,西屋电气公司。

加拿大:加拿大原子能有限公司,加拿大核安全委员会。

捷克:捷克原子能研究机构。

芬兰:辐射与核安全当局。

法国:法国电力公司,核能辐射安全机构。

德国:阿海珐核能有限公司,尤利希研究中心,电厂与反应堆安全协会(GRS)。

日本:日本原子能机构,日本核能安全组织。

韩国:韩国原子能研究机构。

墨西哥:国家原子能核安全委员会。

荷兰:基础设施和环境部门。

俄罗斯:国家国有企业核安全部门。

斯洛伐克:核管理当局。

斯洛文尼亚:斯洛文尼亚核能安全机构。

西班牙:核安全机构,伊维尔·德罗拉公司,能源研究中心,加泰罗尼亚大学环境与工程学院。

瑞典:瑞典辐射安全机构,西屋电气公司。

瑞士:保罗·谢尔研究院,瑞士联邦核安全检查委员会,瑞士大学核能学院。

美国:美国核管理委员会。

以下国际组织也为工作组提供了支持:国际原子能机构、欧盟委员会和经合组织核能署。在以上机构的支持下,这份报告最终得以完成。

第3章
安全壳过滤排放管理要求现状

本章首先介绍了不同国家对安全壳过滤排放系统应用于严重事故的要求，然后介绍了安全壳过滤排放系统自引入以来[1,2]的发展及2013年7月至9月收到的安全壳过滤排放系统最新信息。

3.1 比利时

现有的比利时核电站未装配安全壳过滤排放系统。然而，根据安全壳过滤排放系统安装计划，比利时7座核电站中的5座，从2015年开始安装并运行安全壳过滤排放系统。在2011年11月30日皇家通告令的21.4要求在严重事故中，必须防止安全壳超压情况发生，这个要求也在西欧核监管者协会参考条例F.4.5中被特别强调。对于是否安装安全壳过滤排放系统，尚无进一步的国家要求或者特别指示。比利时安全壳过滤排放系统的设计规范由电站制定并交由监管者评估。

比利时的安全壳过滤排放系统设计标准规范正在制定中。目前考虑的过滤排放系统是一种液体过滤系统，其通用规范如下：

（1）排放基于与安全壳测量压力相关的专用标准并需要手动操作。

（2）排放阀可通过人工操作在控制室及现场打开。

（3）通往控制室的通道及保障安全壳过滤排放系统正常工作的系统应该被保护。

（4）屏蔽设计应使每人每次干预的辐射剂量控制在最大 50 mSv。

（5）安全壳过滤排放系统只在超设计基准事故工况下运行，因此单一故障判据不适用，除了安全壳隔离功能以外，无系统冗余。

（6）核电站运行状态下安全壳过滤排放系统必须可用，设备维护期间除外。

（7）在安全壳隔离阀第一次开启之后，安全壳过滤排放系统可在无辅助设备的条件下，正常运行 24 h 以上。

（8）事故发生后，安全壳过滤排放系统可用的永久储备水和现场化学试剂至少可维持 72 h。

（9）事故发生后 10 天内，常规的安全系统（例如冷却水循环系统）应被修复，以确保核电站的长期稳定运行。

（10）在安全壳过滤排放系统中,对可燃气体的爆炸应有预警。

（11）达到排放开启压力时,安全壳过滤排放系统启动,当压力降低至排放关闭压力时,安全壳过滤排放系统关闭。电站临界点根据安全壳设计压力和易损性曲线来设定。如果不能修复安全壳冷却系统,应考虑多阶段排气。

（12）安全壳过滤排放系统必须能抵抗以下的外部危险因素:地震、洪水和极端天气状况(极端的飓风、雷电、降雨、温度、降雪)。

3.2　加拿大

在加拿大,核电站必须符合两个方面的监管要求,即通过由加拿大核安全委员会制定的监管要求和加拿大国家标准。同时,核电站必须配备安全壳设备,但没有明确规定需应用安全壳过滤排放技术。在核事故后,必须有可用的应急系统来限制放射性物质的释放,而安全壳过滤排放技术正好可以实现这个目标,但目前来看,安全壳过滤排放系统并没有应用于加拿大所有在运行的核电站上。基于加拿大核安全委员会福岛特别工作小组的推荐[4],更先进的安全壳过滤排放系统值得关注。从加拿大监管机构的观点来看,重点是保证反应堆安全壳的完整性,以及厂外放射性物质释放的最小化。

对于监管政策,有三个文献提到了安全壳过滤排放系统:

(1)R-7,"加拿大重水堆核电站安全壳系统要求"[5];

(2)RD-337,"新核电站设计"[6];

(3)REGDOC-2.3.2,"事故管理:核电站严重事故管理方案"[7]。

除此之外,监管政策还参考引用了一个国家标准,电站必须遵循并达到国家要求:CSA N290.3-11,"核电站安全壳系统要求"[8]。

R-7法规[5]是描述加拿大核电站安全壳系统的基本文件,其陈述了安全壳的一般性要求,在 R-7(2.2)中描述了重要的一点,就是设备必须随时保持安全壳外壳的完整性,降低安全壳内的压力和抑制放射性物质释放,限制事故后放射性物质泄漏。此外,R-7(3.3)还强调了事故工况下对放射性剂量的限制要求,安全壳系统应能够限制放射性物质的泄漏,泄漏量不超过参考剂量限值。

更新的法规文件 RD-337[6]对新电站和升级的电站提出了更多的要求,但其没有特别要求电站必须安装安全壳过滤排放系统。在 RD-337(8.6.1)中重申,必须保证安全壳封闭,控制安全壳内的放射性气体,并且再次说明限制释放到环境中的放射性物质。在 RD-337 (8.6.12)中,进一步强调了严重事故情形下,必须阻止来自安全壳的未过滤物质释放和无法控制的物质释放到环境中。

RD-337 也介绍了电站必须满足的安全目标。RD-337(4.2.1)中特别陈述,在事故后的 30 天内根据确定的安全分析,对于设计基准事故,公众剂量必须低于 20 mSv。此外,RD-337(4.2.2)中还强调,根据概率安全分析结果,堆芯损坏的可接受概率是每反应堆每年 10^{-5},超过 10^{15} Bq 的碘释放的可接受概率是每反应堆每年 10^{-5},超过 10^{14} 的铯释放的可接受概率是每反应堆每年 10^{-6}。堆芯损坏概率、碘释放概率和铯释放概率的度量,是加拿大监管部门评估核电站事故预防和事故缓解能力的重要依据。上述标准都来自国际原子能机构核安全标准规范[9]。

在 REGDOC-2.3.2 文献中强调了严重事故管理监管要求[7],REGDOC-2.3.2(3.1)中定义了严重事故管理策略的两个级别,目的都是保证安全壳的完整性和使释放到环境中的放射性物质最少。同样地,根据 REGDOC-2.3.2(5.1),作为严重事故管理响应的一部分,采取的可行措施包括控制放射性物质释放和控制安全壳压力;在 REGDOC-2.3.2(5.2)中,建议将安全壳排放能力作为电站的能力之一。

2011 年福岛核事故后,加拿大核安全委员会福岛特别工作小组分析比较了类似的大型外部事故对加拿大核电站的影响,并就如何提高核电站的抗事故能力提出了几点建议[4]。如后面的章节所述,加拿大核安全委员会福岛特别工作小组建议核电站采用过滤排放设计方案,特别是在严重事故阶段,可改进安全壳性能并防止放射性物质未经过滤释放。对于安全壳过滤排放系统的发展方向,希望设计出的安全壳过滤排放系统在严重事故期间,能够处理大量气体排放、气溶胶负载和裂变产物负载,同时也考虑事故发生后氢燃烧的潜在可能性。总而言之,这些方案的目标是加强反应堆纵深防御和优化监管的内容及流程。

综上所述,在加拿大的核电站中,没有直接要求必须安装安全壳过滤排放系统。在国家标准 N290.3-11[8]中,建议将安全壳过滤排放系统应用于安全壳系统,在 N290.3-11(9.4)中,将安全壳过滤排放系统作为控制放射性物质向大气排放的方案,但也不是强制性要求。不过在国家标准中规定,通过隔离安全壳或者过滤排放气流来阻止物质释放,两个方案中应至少有一个被用于管理放射性释放。因为安全壳过滤排放系统是个可以满足国家规章制度要求的系统,其已经以一种或多种形式在加拿大核电站广泛应用。

3.3 捷克

目前捷克在运行的核电站没有装配安全壳过滤排放系统。基于捷克压力测试的分析结果和国家行动计划的评估,应该为两个核电站安装安全壳过滤排放系统。当前,泰梅林核电站(装备 VVER-1000/320 型全压安全壳反应堆)可能适合安装安全壳过滤排放系统,然而杜库凡尼核电站(装备 VVER-440/213 反应堆)不适合安装安全壳过滤排放系统,因为该电站在密封空间下的设计压力低,不足以进行安全壳过滤排放系统的非能动操作。安全壳过滤排放系统运用于 VVER-1000/320 型的主要原因是,安全壳过滤排放系统与用于堆芯熔化的解决方法相互关联,要么在容器内通过外部容器冷却,要么在容器外利用堆芯在紧邻反应堆腔的空间中扩散,并在顶部注水冷却。目前得到消息,该国关于安全壳过滤排放系统的方案和设计规范尚未完成。

3.4　芬兰

芬兰辐射与核安全局(STUK)在 1986 年 6 月的文件中要求电站能够对严重核事故做出充分准备。设计过滤排放的目的是,在严重事故工况下,当压力超过限定值时,将释放到安全壳中的能量和裂变产物排出以降低安全壳内的压力。

1990 年,作为一个技术改造项目,安全壳过滤排放系统安装在核电站的两个沸水堆上。湿阱和干阱都可以排气。

监管指南 YVL1.0[10,11]指出,将积聚在安全壳内的蒸汽-气体混合物释放到环境中的方案不应当成为防止安全壳升压的主要措施。应设计一个安全壳过滤排放系统,用于消除可能在事故后期释放的不凝结气体,防止安全壳内超压。这个对安全壳过滤排放系统的强制性要求即成为对系统降压能力的常规要求。

监管指南 YVL1.0 要求:

(1) 338.将积聚在安全壳中的蒸汽-气体混合物排放到环境中,不得作为安全壳压力控制的主要手段。

(2) 339.发生严重事故后,必须有可能将安全壳边界的压差降低到与安全状态一致的水平。

(3) 340.在 339 的安全壳压力降低的设计方案中,通过将气体从安全壳排放到环境以降低安全壳内的压力,该排放系统必须配备有效的过滤器。过滤后,释放的气体应输送到工厂排气烟囱。

就过滤效率方面,对安全壳过滤排放系统没有专门的过滤性能要求,但是事故概率的总体目标是,释放超过 10^{14} Bq 的 ^{137}Cs 的概率应当降低至 5×10^{-7}/年。这个要求既适用于新建设的反应堆,也适用于已经在运行的反应堆。

在设计基准事故方面,对安全壳过滤排放系统的使用没有强制要求,但在特殊设计扩展工况下(如当其他反应堆余热排出系统失败时),安全壳过滤排放系统可作为从反应堆中移除热量的多种解决方案之一。

尽管在欧洲压水堆(EPR)的设计中提供了安全壳散热系统(CHRS),但是芬兰当局还是要求在安全壳冷却能力完全丧失的情况下,为反应堆提供具有过滤功能的安全壳通风口,以作为控制安全壳压力的另一种手段,特别是应能够确保压力下降到安全水平。

3.5　法国

1. 初期要求

在对 WASH 1400 报告[12]以及对三哩岛可能出现的大量事故和多种严重事故情形进行分析后,1986 年 7 月法国采纳了对所有在运压水堆(900 MWe、1300 MWe 和 1450 MWe(译者注:

MWe 指电功率,是核电中常用的功率单位。)压水堆)安装过滤排放系统的方案。这些分析结果表明,在某些工况下,由于事故过程中压力容器内和压力容器外产生了蒸汽和不凝结气体,安全壳内的压力逐渐增大,这一现象可能最终威胁安全壳的密封性和结构完整性。因此,一个与安全壳过滤排放系统相关,命名为 U5 的最终操作程序被启用。其主要目的如下:

(1) 保持安全壳压力低于其设计值,通过允许计划性的物质释放来保持安全壳的密封性和完整性(纵深防御的一部分);

(2) 采用一个粗略且简单的过滤器,使相关的放射性物质的排放达到符合厂外应急计划的水平。

以下与安全壳过滤排放系统有关的要求由法国安全机构首次提出:

无论何时发生堆芯熔化,向环境中释放放射性物质都必须符合厂外应急计划的可行性;这就意味着对一些假想但可预见的情况来说,必须采取预防措施来延迟和防止安全壳破损;基于这一原因,法国制定了 U2、U4 和 U5 最终操作程序,其中 U5 为通过过滤系统进行安全壳排放①。

现有的安全壳排放系统设计与下面规范基本一致(参看附录 A):

(1) 事故发生后,在安全壳排放系统开启前,最少应考虑有 24 h 延迟。延迟使得安全壳中悬浮的放射性物质浓度充分减小,并提供一段时间为人群提供与使用安全壳过滤排放系统后的放射性释放水平相适应的保护措施(预防性疏散和庇护),最终恢复备用的安全壳散热装置。

(2) 当安全壳压力逐步上升至设计压力时,由公共安全主管当局决定是否手动开启系统。

(3) 排放速率应允许保持(并最终降低)安全壳压力低于其设计值。

(4) 基于在 20 世纪 70 年代后期对几个典型的偶然事故(尤其是在 Wash 1400 报告中研究的情形)进行的分析,得到了用于安全壳过滤排放系统设计的安全壳参考条件:

① 安全壳压力为 5 bar(临近安全壳的设计压力)②;

② 安全壳温度为 140 ℃(413 K);

③ 气体通过安全壳过滤排放系统的流动速率是 3.5 kg/s;流动速率必须足够大以确保系统开启后,安全壳压力不会超过设计压力;

④ 安全壳内气体组成为 33%空气、29%蒸汽、33%二氧化碳和 5%一氧化碳,在安全壳过滤排放系统管道中氢积聚问题的风险有待以后解决;

---

① U2 规程用于应对安全壳泄漏定位和隔离问题。U4 规程用于防止堆芯熔化物侵蚀安全壳混凝土基垫而导致的安全壳早期失效(在反应堆压力容器失效后)。

② 设定设计压力为一个足够高的压力值来最大化可用的时间,为安全系统提供恢复时间。特别是安全壳喷淋系统,其能够最大化放射性裂变产物和悬浮颗粒沉积到地坑中,允许设置场外应急计划的时间最大化,最大限度地降低大型安全壳失效风险,包括通过隔离阀的排气管道失效,最大限度地降低安全系统特别是安全壳喷淋系统的损坏风险。每个电站都有自己的安全壳设计压力值(法国的 PWR 的设计压力值大约 5 bars)。

⑤ 密度为 4 kg/m³;

⑥ 气溶胶空气动力质量中位直径为 5 μm,质量浓度水平为 0.1 g/m³。

（5）最小的过滤效率标准:气溶胶的最低去污因子为 10,目的是将释放的放射性物质降低到与厂外应急计划相适应的水平(惰性气体暂不考虑)。

2. 安装安全壳过滤排放系统的附加要求(20 世纪 80 年代中期至 90 年代中期)

在决定安装安全壳过滤排放系统后,法国核电站进行了更多详细的研究,以评估安全壳过滤排放系统中的氢燃烧风险和砂床过滤器中捕获的放射性气溶胶所引起的高放射性水平风险(限制了使用安全壳过滤排放系统后对工厂现场进行干预的可能性)。这些研究产生了一些其他要求,要求改进安全壳过滤排放系统来限制风险。

在安全壳过滤排放系统管道中,为防止蒸汽在安全壳过滤排放系统运行期间发生冷凝采取了改进措施。这一措施通过安装电力系统装置实现,在打开安全壳过滤排放系统之前,加热流过安全壳过滤排放系统管道的流体和管道表面。如果安全壳过滤排放系统管道在刚打开时是冷的,将发生蒸汽冷凝并且导致氢气体积份额增大,增大氢燃烧的风险。

值得一提的是,在 2007 年,所有的法国压水堆安全壳都装配了非能动自催化复合剂来降低安全壳中氢燃烧的风险,这也大大有助于降低安全壳过滤排放系统中的氢燃烧风险,因为非能动自催化复合剂与氢的催化反应消耗了安全壳中的氧气,使得氢气无法燃烧。

在反应堆厂房的安全壳过滤排放系统管道入口处安装一个金属气溶胶过滤器装置,可降低砂床过滤器中的放射性气溶胶含量:

（1）降低砂床过滤器的辐射剂量率,减少安装过滤器的建筑物屋顶的"天光效应";

（2）降低由于余热而导致的砂床过滤器温度的上升;

（3）如果金属过滤器发生阻塞,安装的金属过滤器的旁路管道会接入安全壳过滤排放系统以使系统不间断运行。

虽然法国安全部门对安全壳过滤排放系统的去污因子没有特别的要求,但仍有大量工作需要通过有效且全尺寸规模的试验来确定金属砂床过滤器对气溶胶和分子碘的过滤能力。对于完全开启的安全壳过滤排放系统,气溶胶和分子碘的去污因子分别是 1000 和 10(没有考虑有机碘过滤);金属过滤器有助于使安全壳过滤排放系统对气溶胶的去污因子提高一个数量级。

3. 900 MWe 压水堆第三次电站安全评估期间额外的要求检查(2003—2008)

在法国,所有的压水堆核电站每 10 年进行一次定期安全审查。定期安全检查的耗时可能超过五年。在通用评估后,针对定期安全检查期间出现的问题和一些具体的反应堆问题,基于定期安全检查的结果对反应堆进行更新。

900 MWe 压水堆的第三次定期安全检查在 2003 年到 2008 年进行,安全检查包括严重事故问题的详细分析。分析结果表明,在严重事故期间,对于现在正在运行的安全壳过滤排放系统,碘的留存对事故结果有重要的影响(因为低估了留存在安全壳过滤排放系统中碘的量）。

基于研究机构审查及法国安全机构团体评估,法国安全机构要求法国电力公司"在2006年中期,如果U5使用安全壳过滤排放系统的话,则需要研究可行性措施,以降低分子碘或者有机碘的释放。"

法国电力公司在2006年提供了一个初步分析报告,分析报告指出洗涤器安全壳过滤排放系统可能对捕获碘更有效率。总结得出,在决定更新改进安全壳过滤排放系统之前,必须进行更多更有深度的研究。所以在900 MWe压水堆第三次定期安全检查框架下,没有做出更新安全壳过滤排放系统的决定。

4. 与电站长期运行有关的其他要求(2011—2012)

在2009年,法国电力公司已经告知法国安全机构,其基于安全更新计划的法国压水堆核电站的长期运行计划。法国电力公司的目标是保证现存核电站正常运行60年。这导致法国电力公司对长期运行计划中的压水堆安全更新计划及电站老化管理计划进行了评估。

最初的压水堆安全更新计划主要包含电气系统改造和堆芯冷却系统改进。讨论的重点之一是严重事故管理计划,目标是接近二代和三代压水堆安全等级。

严重事故管理中,安全目标可概括如下。

(1) 消除会导致大量物质(早期)释放的情况(这个目标适用于所有的定期安全检查);

(2) 在长期运行阶段,尽可能降低事故的影响(这个目标与长期运行相联系):

① 提高安全壳过滤排放系统的过滤效率,尽可能减少放射性物质释放;

② 在没有安全壳排放的情况下,研究可供选择的方案以移除反应堆余热;

③ 确定能够阻止安全壳底座渗透的措施。

5. 福岛核事故后的额外要求(压力测试)(2011—2014)

步骤1:压力测试评估

福岛核事故后,在法国进行压力测试评估期间,安全壳过滤排放系统再次成为焦点。除了过滤效率和氢风险控制(以前讨论的)外,还评估了安全壳过滤排放系统的抗灾害能力,以及在多重机组事故和在反应堆中开启安全壳过滤排放系统后的现场管理。

基于核安全与辐射防护研究所的评估及由法国安全顾问集团的评估,法国安全部门定义了以下要求:

ECS-29:U5过滤排放系统的加强("砂床过滤器")。

在2013年12月31号之前,许可证持有者向法国安全机构提供U5过滤排放系统可以改进的方面的详细研究信息,主要考虑以下几点:

(1)抗灾害能力;

(2)氢燃烧风险控制[③];

---

③ 即使已经在U5 FCVS系统中考虑了氢气风险,但氢气与最初包含在FCVS管线中的O_2燃烧的可能性也正在评估。

（3）双堆同时使用时的过滤效率；

（4）裂变产物过滤能力，尤其是碘化合物；

（5）打开设备后可能产生的放射性污染，尤其是对当地可能产生的影响，以及对应急控制室的放射性污染。

福岛核事故后，人们注意到过滤效率是安全壳过滤排放系统必须要考虑的问题，还有应对危险情况的抗压性和最小化事故的能力。

步骤 2："核心"安全系统

在 2012 年，法国电力公司提出一套有限的强化系统（对外部灾害），该系统由 IRSN 评估并被提交到法国相关部门。最初法国电力公司提议将安全壳过滤排放系统作为最终移除安全壳热量的方法，在回路中强化注水，但这个解决方案被否定了。因为在蒸汽发生器冷却的情况下，堆芯熔化是难以预料的，而且这个事故管理策略不能保证第二道和第三道边界的完整性。

在 2014 年 1 月，法国安全部门提出了新的决议，以提高现存核电站的安全要求，根据福岛核事故后补充安全评估，确定安全"核心对策"。

保留的"核心情况"是外部危险（地震、洪水（包括高强度降雨）、极端风、闪电、冰雹和龙卷风），其严重程度高于安装设计的参考安全要求。"核心情况"涉及：

（1）完全丧失电力供应（除了"核心"供给）；

（2）完全丧失冷却剂（除了"核心"供给）；

（3）上面所列的外部灾害；

（4）在"核心"外部灾害后，由于设备移位、现场破坏及环境导致状况变差的情形。

对于"核心情况"，提出的相应对策如下：

（1）防止堆芯熔化事故或者限制其发展；

（2）限制大量的放射性物质释放；

（3）允许电站操作员手动操作，确保其在危机管理中的功能。

"严重堆芯事故"发生时，对于安全壳隔离和安全壳旁路不可用的情况，应有相应的措施，限制大量的放射性物质释放。在安全壳过滤排放系统没有打开的情况下应当考虑堆芯完全熔化，以及在严重堆芯事故情形下发生管道破裂的事故。这些措施的目的在于保证安全壳完整性。法国电力公司根据 2014 年 12 月 31 号的对策，允许在不打开安全壳过滤排放系统的情况下排出剩余热量，以应对"核心情况"。

2014 年的情形如下。

当前法国面临的主要挑战是，将长期运行要求和福岛核事故后制定的要求结合起来。

为了满足 ECS-29 和长期运行目标，法国电力公司在 2013 年 12 月提出：

（1）作为核心措施的一部分，通过一个专门的热槽用循环冷却水系统从安全壳中移除衰变热；

（2）加强法国核电站已安装安全壳过滤排放系统的抗地震能力④；

（3）在 1300 MWe 和 N4 核电站中的地坑中安装顶端吊篮来保持池中 pH 值的稳定性（这一设备不需安装在银铟镉控制棒的反应堆中，因为含银颗粒会有效地捕获气态碘）。万一反应堆中的喷淋系统导致 NaOH 投放失败，这可能对来自池中的气态碘释放产生非常重要的影响。

根据最新的安全评估和研究结果（比如 Phebus PF、ISTP、OECD/STEM 和 BIP 项目）[13]，法国的焦点更多集中于留存气态碘的必要性，特别是留存有机碘及氧化钌的必要性，它们如果释放到环境中，可能导致长期和短期的影响。尽管当前没有决定是否采取必要措施来提高已安装安全壳过滤排放系统的过滤性能以及过滤性能应达到什么水平，但法国相关部门、法国电力公司、放射性原子能机构、阿海珐集团正在进行与之相关的大型试验项目，此外，一些国际组织也正在参与由法国研究所领头的国际项目，如欧盟 PASSAM 和法国国家研究机构 MIR 项目[14]。

3.6　德国

为了应对三哩岛事故和发生在 1986 年的切尔诺贝利事故，德国反应堆安全委员会制定了措施以增强核电站的安全性及应对可能发生的严重事故[15]。德国风险研究部门第一次以压水堆核电站为参考给出了大量且全面、综合性的研究结果，包括严重事故的必然结果和可能结果，这显著地影响了德国的核电发展[16]。1988 年秋天，反应堆安全委员会内部进行了深入讨论后，发布了电站运行时超过基准设计导致严重事故的管理计划[15]。该计划名称为"Anlageninterner Notfallschutz"，主要目的是防止电站运行时发生严重事故，提出了针对主要事故现象的一些缓解性措施，也考虑改善一些必需的硬件措施。安全壳过滤排放系统是早期推荐和安装的系统之一[17]。德国电站决定遵照反应堆安全委员会关于事故安全管理的所有建议，对国内的核电站进行升级。

德国反应堆安全委员会在 1986 年 12 月发布了关于压水堆核电站安全壳过滤排放的提议，在 1987 年 6 月发布了沸水堆安全壳过滤排放的提议[15,18,19,20]。关于过滤排放系统的部分决定基于电站特别事故分析，该分析认为安全壳过滤排放系统对事故管理系统是非常重要的[16]。对压水堆的分析如下：

（1）常见的严重事故可能导致安全壳中期或者长期破损；

（2）即使严重的堆芯损坏或者早期的安全壳损坏可以被阻止，但事故后期仍有潜在的超压危险。

安全壳过滤排放系统的作用是限制安全壳中的压力增加，并利用它防止由于长期压力

---

④　FCVS 最初不是为抗震设计的，除了安全壳贯穿件和反应堆建筑物内部的部件（安全壳内部的部件旨在防止在发生地震时重要安全设备被损坏）。

增大和由于达到失效压力前大量放射性物质释放(悬崖边缘效应)而导致的安全壳结构完整性损坏。安全壳中的压力将从设计压力的一半处开始减小。在压水堆核电站中,这个过程大约需要 24~48 h。同时,水必须被有效注入水池中以防止沸腾。在沸水堆中,这个过程仅仅需要 10~20 min。安全壳中的压力增大由可控的气体释放来控制,同时使对环境的放射性影响最小化。

反应堆安全委员会对压水堆核电站[15]主要的改善建议如下:

1) 运行设计和设置

(1) 大约在安全壳测试压力水平下打开。

① 当没有水进入安全壳的情况下减压时的压力限制;

② 在大约两天时间里,压力降低到安全壳测试压力的一半。

(2) 在安全壳测试压力处,设计可关闭阀门。

(3) 设计可逐步开启和关闭的阀门。

(4) 当压力降低时,水进入安全壳中以补偿相关水的流出(防止地坑干涸)。

2) 考虑的负载

(1) 向外或者第二个双关闭阀门:安全壳管道的失效压力应为设计压力的两倍。

(2) 对于相邻的系统:

① 与事故工况对应,混合物的压力、温度和成分会变化并通过与事故情况相对应的阀门最大横截面;

② 为管道设计一定的安全系数并考虑动态负荷,或者相关运行负荷的安全系数为 2。

3) 施工要求

(1) 最好将系统组件安装于关闭阀门的下游:根据设计方案,通过适配器连接下游系统组件,根据需要安装适配器。

(2) 从无障碍需求考虑,直列式关闭阀门应可以远程控制并且在需要操作时提供能量供应。假设在几天后压力降低的时候,临近电网可提供需要的电力或者应急电力供应,使得系统再次运行。

(3) 留存沿减压路径积聚的凝结水。

(4) 在电站现场配备高效微粒空气过滤系统。

反应堆安全委员会确信压水堆安全壳降压概念是行之有效的,并建议按照上面的要求实现该技术。

下述为反应堆安全委员会对沸水堆 69 型的重要建议[15]。沸水堆 72 型的安全壳不同于沸水堆 69 型的安全壳。对于沸水堆 72 型安全壳,许可方提出了一个惰化/复合概念和压力抑制概念,这个概念考虑到了电站的设计差异并且考虑了反应堆安全委员会的建议,最终由反应堆安全委员会讨论通过[18]。

与对压水反应堆安全壳进行过滤减压的建议一样,反应堆安全委员会建议,在电站内部

事故管理的框架中,为安装 69 型安全壳提供一个降压系统,该系统应满足以下要求:

1)操作设计和设定值

(1)大约在安全壳的设计压力和测试压力之间的压力水平下打开。

(2)通过体积流从压力抑制系统中排出的热量至少应与使用压力抑制池总热容后所余热量相当。

(3)在安全壳的试验压力下,阀门设计为可关闭模式。

(4)阀门可逐步开启和关闭。

(5)由于裂变产生的余热的影响,需要往文丘里洗涤器中补充由于蒸发而损失的水。

(6)可取样。

(7)测定减压过程中从孔口处压力至临界压力的释放量。

(8)在降压期间,通过直接测定或间接测定(如通过详细的评估)来确定放射性物质的释放量。

2)考虑的负载

(1)向外或者第二个双关闭阀门:安全壳破损压力应为设计压力的两倍。

(2)对于相邻的系统:

① 与事故工况对应,混合物的压力、温度和成分会变化并通过与事故情况相对应的阀门的最大横截面;

② 为管道设计一定的安全系数并考虑动态负荷,或者相关运行负荷的安全系数为 2。

3)施工要求

(1)将系统组件安装于关闭阀门的下游。

(2)从无障碍需求考虑,直列式关闭阀门应该可以远程控制并且在需要操作时提供能量供应。

(3)过滤系统的安装(最好是文丘里洗涤器和与下游连接的 HEPA 过滤器)。

压水堆和沸水堆安全壳排放管道中的过滤系统规范摘自反应堆安全委员会参考文献[15]和[19],并被总结在表 3-1 至表 3-3 中。

表 3-1　排放开始时的热工初始条件和边界条件

条　　件	压　水　堆	沸　水　堆
管道排放开启压力[a]	小于测试压力(安全壳的)	小于测试压力(安全壳的)
温度	根据饱和压力计算	根据饱和压力计算
水蒸气含量	<100%	<100%
氢气/氧气含量	内部或者过滤系统上部没有可燃气体混合物[b]	
水滴负荷	可能由管道和电枢中的冷凝水及安全壳中的水滴造成(<5 g/m³)	

条　件	压　水　堆	沸　水　堆
质量流量	根据排气管开口处的衰变热确定质量流量,考虑潜在的散热和排放时注入的水	根据湿阱热容量消耗后的衰变热确定质量流量
开始排放	2~3 天 (根据到达测试压力时的衰变热)	大于 4 天 (根据到达测试压力时的衰变热)

注:a 假设压水堆压力不会超过测试压力。如果有充足的裕量应对失效压力,沸水堆压力在一些情况下允许稍微超过测试压力。
b 在堆芯熔化事故七天后假设没有排放,反应堆安全委员会建议采取有效措施降低安全壳中氢气含量。

表 3-2　气载物质过滤系统设计

条　件		压　水　堆	沸　水　堆
气溶胶质量		40 kg[a]	20 kg[a]
衰变热	气溶胶	2 kW	180 kW
	气态碘	5 kW	7 kW
最低过滤效率	气溶胶	99.9%	99.9%
	元素碘	90.0%	90.0%
	有机碘	0.0%	0.0%

注:a 为了增大过滤系统的运行灵活性,气溶胶质量的指示值必须乘以 1.5。

表 3-3　裂变产物的过滤系统负荷(与堆芯存量相关)

裂变产物	压　水　堆	沸　水　堆
元素碘	10^{-3}	4×10^{-4}
有机碘	10^{-3}	2×10^{-4}
碘化铯、氢氧化铯	2×10^{-4}	3×10^{-2}
碲	3×10^{-3}	

1991 年 6 月 24 日,核反应堆第 263 次会议的协议中定义了排放系统单独设计时需要考虑的瞬态情况[20]:

(1)压水堆:在堆芯熔化之前,蒸汽发生器给水供应和主降压系统全部丧失的瞬态。在 5 h 左右,堆芯蒸干。在反应堆压力容器失效后的低压状态下,有两个工况需要考虑:① 腔室内熔化过程被完全淬灭,地坑水长期蒸发,伴有两到三天内的早期排放。② 干燥的堆芯熔融物与混凝土反应持续 8 h,随后在水进入腔体后湿的堆芯熔融物与混凝土反应;4 天的延迟排放。

(2)沸水堆:在湿阱冷却开始时,伴有后期堆芯注水失效的失水事故。湿阱冷却失效后,预计发生堆芯熔化。堆芯跌落至下方平台,残余水的蒸发将导致安全壳排放系统在 4 h

左右排放。

（3）在排放系统开始运行和压力边界设计压力达到5～10 bar之前，通过注入惰性气体消除排放系统中的氢风险。

（4）严重事故情况下安全壳中的氢风险应单独处理。所有的压水堆核电站已安装非能动自催化氢氧复合器。对于69型沸水堆，安全壳中已注入氮气。对于72型沸水堆，只有湿阱中注入了氮气，但同时在干阱和湿阱中安装了非能动自催化氢氧复合器。

在反应堆安全委员会作出决议后，所有的德国压水堆和沸水堆都配备了湿式（滑压文丘里洗涤）或干式（金属纤维过滤）安全壳过滤排放系统。

目前（在2011—2012年德国和欧洲核安全监管机构的压力测试之后），在气体离开压水堆厂房之前的过滤排放系统出口管道中发生氢气爆燃的可能性再次受到审查，相关细节在德国国家行动计划中披露。

3.7　日本

在日本2013年制定的新监管要求中，要求安全壳过滤排放系统能够阻止安全壳由于超压而失效。基本要求是，在安全壳中，应安装能够降低气体压力和温度的设备，以防止安全壳在发生严重堆芯熔化事故时失效，这在轻水堆新监管要求中的第二部分第九段中提到。以下是对安全壳过滤排放系统的一些细节设定要求。

（1）减少放射性物质的设备：安装安全壳过滤排放系统，降低排放的放射性物质的质量。

（2）应对可燃气体的设备：安装安全壳过滤排放系统，以防止可燃气体爆炸。

（3）有害影响预防：

① 安全壳过滤排放系统的管道不应与其他系统或设备共用。然而，如果没有有害影响的话，这不是必需的。

② 应根据需要准备设备和规程，以防止在启动过滤排放系统时由于负压造成安全壳失效。

（4）现场操作：

① 安全壳过滤排放系统的隔离阀应容易打开和关闭，并且确保能够手动操作。

② 辐射防护措施，例如应该使用屏蔽和隔离设备，甚至在发生堆芯严重损坏的情况下，工作人员能够在现场手动操作安全壳过滤排放系统。

③ 即使在隔离阀失去驱动力的情况下仍有应急的手段、方法，例如在附近准备所需的材料和设备来使安全壳过滤排放系统的隔离阀能够打开。

（5）爆破阀：在使用爆破阀时应安装旁路阀。不过，这个条例不适用于爆破阀在压力足够低时爆裂的情况，即安全壳过滤排放的操作不应受到干扰（目标不是隔离安全壳，而是充

入氮气)或者安装可由人力打破爆破阀的设备。

(6) 安全壳的连接点:安全壳过滤排放系统应被安装到长期不受熔化的堆芯浸没的位置。

(7) 辐射防护:应采取屏蔽等辐射防护措施,以减少受到使用过的存在高放射性过滤器的辐射。

3.8　墨西哥

墨西哥在拉克纳维尔德核电站有两个 Mark Ⅱ 型沸水堆。在福岛核事故后,美国核管理委员会提出要求,对于这种类型的反应堆,其应配备应对严重事故的可靠排放系统。

墨西哥国家原子能核安全委员会与联邦电力委员会提出了同样的要求,拉克纳维尔德核电站的操作员在严重事故时使用类似于安全壳过滤排放系统的排放系统从干、湿阱中排放。将要安装的排放系统不包括任何外部过滤功能。

3.9　俄罗斯

在俄罗斯,目前国家监管机构没有要求安装安全壳过滤排放系统来应对严重事故。但是,《核电厂安全保障总则》[⑤]文件声明,只有当放射性物质的直接排放与公众防护措施不矛盾时,才允许放射性物质在超过设计基准事故时直接排放,该防护措施见"安全辐射规范"NRB-99-2009。

在福岛核事故后,俄罗斯在国家监管机构的监督下发起一项计划,实施措施来降低超设计基准事故的影响。措施之一是考虑在科拉半岛上的 VVER-440 核电项目和卡里宁的VVER-1000 核电项目中安装安全壳过滤排放系统。

3.10　斯洛伐克

2006 年斯洛伐克国家立法实施了与严重事故评估相关的监管要求。然而,事故管理计划的开发和实施,包括严重事故的,更早之前就开始了(在 20 世纪 90 年代)。1999 年(动力操作导致的事故)和 2006 年(在反应堆关闭或者乏燃料池中发生的事故)全面实施了基于事故的应急运行程序,以解决设计基准事故并预防严重事故。2002—2004 年编制了针对电站的严重事故管理指导方针。2004—2005 年编写了一份总体研究报告,确定了实施严重事故管理指导所需的技术规范。2009 年实施了严重事故管理项目。在福岛核事故后,斯洛伐克

---

⑤　《核电厂安全保障总则》,OPB-88/97, NP-001-97,俄罗斯 Gosatomnadzor, 1998 年。

加快了项目实施进程,博胡尼斯核电站实施的截止日期为 2013 年 12 月 31 号,莫霍夫采 1 号和 2 号核电机组实施的截止日期为 2015 年 12 月 31 号(对于 3 号和 4 号机组,严重事故管理包含在基本设计中)。严重事故管理包括主回路降压专用装置、使用非能动自催化复合剂的氢管理、压力保护下的安全壳、通过反应堆容器的外部冷却装置留存的堆芯熔化物、外部装满硼酸溶液的大型专用液槽、为应对乏燃料注水配备的专门的电源和泵等。

在严重事故管理中,斯洛伐克核电站并未配备安全壳过滤排放系统。在执行核电站的压力测试后,根据国家行动计划,在 2015 年底,分析安全壳过滤排放和其他的可能措施来长期排出安全壳中的热量并减少对环境的放射性污染,并综合考虑严重事故管理计划的实施措施和 VVER-440 型核电站其他运营商在该区域内的活动。

3.11 斯洛文尼亚

2001 年,在斯洛文尼亚的克尔什科核电站,举办了第一届国际原子能峰会。峰会报告在斯洛文尼亚国家核管会网站(http://www. ursjv. gov. si/fileadmin/ujv. gov. si/pageuploads/si/Porocila/PorocilaEU/ramp_krsko_final. pdf)上可以查阅到。该报告提出,针对氢问题和安全壳中不凝结气体含量问题,可安装专门的安全壳过滤排放系统作为排出安全壳中气体的装置,但这并未作为一个专门的提议被提及。

2003 年,在克尔什科核电站进行了定期的安全评估。基于安全评估中发现的问题,整理汇编了一个行动计划,其中包括峰会提出的要求。其中一项行动与高浓度氢问题和可能导致安全壳超压的不凝结气体相关。在这个行动计划中,进行了帕诺兰姆工业公司的严重事故管理分析,以及事故与堆芯熔化、反应堆压力容器破损、反应堆重新覆盖和熔融混凝土相互作用等研究。

2009 年,斯洛文尼亚国家核管会发布了一个新要求"辐射和核安全因素的规范"(JV5)[⑥]。在 JV5 的附录中指出,核电站设计基准要求基于西欧核电管理协会设立于 2008 年的参考水平。西欧核电监管者协会提出的"现存反应堆的设计扩展"包含在 JV5 附录的 1.12 和1.13中:

◎1.12 严重事故

……应当分析核电站对某些严重事故的反应,以尽量减小放射性物质释放的有害影响。应建立一系列措施来确定实施合理的预防缓解措施……

◎1.13 严重事故中的仪器和设备:

……在严重事故情况下,核电站设备应能够:……

① 控制安全壳中的可燃性气体:

---

⑥ http://www. ursjv. gov. si/fileadmin/ujv. gov. si/pageuploads/si/Zakonodaja/SlovenskiPredpisi/PodzakonskiAkti/ang_prevodi/JV5_za_objavo. pdf。

② 防止安全壳中压力过度上升：……

为了延长克尔什科核电站寿命，对目前的克尔什科核电站制定了严重事故管理的规范，正如 JV5 第 62 条所定义的那样：

在 2011 年的福岛核事故和欧盟压力测试活动后，斯洛文尼亚第一次提出了一项关于定期安全检查的决定，参见"电离辐射防护和核安全行动"的第 81 条。根据欧盟压力测试结果，核安全管制机构界定了阶段性安全评估的范围。斯洛文尼亚关于核压力测试的国家报告在斯洛文尼亚国家核管会网站（http：//www. ursjv. gov. si/fileadmin/ujv. gov. si/pageuploads/si/Novice/Slovenian_Stress_Test_Final_Report. pdf.）中可以得到。在该报告的 6.2.2.2 节中，叙述了防止安全壳超压部分的内容，该措施可以在现有的核电站的系统中应用，排放系统将通过高效过滤器和炭过滤器过滤系统排放。

2011 年 9 月，斯洛文尼亚国家核管会宣布了第二项决议，要求运营者执行现代化的安全设计来防止发生严重事故和降低事故后果的影响。这个决议还要求为严重事故制定一项安全升级计划，包括在高温、超压和氢浓度升高时保证安全壳完整性，以及控制放射性物质释放到环境中（确保其最小化，挥发性裂变产物和颗粒残余不超过 0.1%）。对克尔什科核电站进行了潜在安全性提升的分析，由 TSO 独立评估机构进行评估。克尔什科核电站在 2012 年 2 月又提出了安全升级计划，并在 2012 年 2 月初得到国家核管会批准。

2012 年 3 月，压力测试的同行评估在斯洛文尼亚国家核管会和克尔什科核电站进行。这个同行评估报告发表于斯洛文尼亚国家核管会网站（http：//www. ursjv. gov. si/fileadmin/ujv. gov. si/pageuploads/si/Novice/CountryReportSIFinal. pdf.）。

该报告第 4.2.4.1 节提出了更新计划，并将安装安全壳过滤排放系统列为 2016 年即将实施的行动之一。

斯洛文尼亚关于克尔什科核电站安全设计计划的报告，见于斯洛文尼亚国家核管会网站（http：//www. ursjv. gov. si/fileadmin/ujv. gov. si/pageuploads/si/Porocila/Nacionalna-Porocila/Slovenia. pdf.）。过滤排放系统的安装已经列入 2013 年日程表中，其被描述为"能够降低安全壳内压力和过滤掉超过 99.9% 的挥发性裂变物质和颗粒的过滤排放系统（不包括惰性气体）"。

克尔什科核电站准备安装安全壳过滤排放系统，在 2013 年换料停堆时安装了非能动自催化复合剂的氢控制设备。2013 年 6 月，克尔什科核电站申请安装非能动安全壳过滤排放系统。在 2013 年 10 月到 12 月的换料停堆期间，成功安装了非能动安全壳过滤排放系统。目前，安全壳过滤排放系统已被批准进行非能动使用，由于执行时间较短，在排气堆栈内放射性监测仪和流量计还没有交付和安装。为了能够应用安全壳过滤排放系统，克尔什科核电站还需要评估安全壳过滤排放系统主动排放时对环境的辐射后果，并进行设计扩展条件下安全壳仪表的鉴定。应急操作规程和严重事故管理指南的更新需要考虑改善非能动自催化复合剂和非能动安全壳过滤排放系统的应用。2014 年 4 月，克尔什科核电站为实际应用的非能动自催化复合剂和安全壳过滤排放系统也进行了模块化事故分析,该工况也将由TSO在MELCOR进行分析。这两项分析结果都必须在2014年4月底之前提交给官方管理机构。

3.12　韩国

福岛核事故在韩国业界引发了一场讨论,即有必要通过限制过度增压来防止安全壳失效,并减少放射性物质不受控制地释放到环境中。需考虑下列因素:过滤效率(去污因子)、运行周期(例如自动运行时间)、非能动特点(在失去电力情况下)、设备和系统设计/性能要求等。目前为止没有特殊的要求,但是可能要求阻止气溶胶再次悬浮和碘再次挥发,因为这是放射性物质长期释放的原因之一。目前,作为申请延长使用寿命30年的准备措施之一,加压重水反应堆的安全壳过滤排放系统在2012年末已经完成安装。到2018年底,韩国将有23个反应堆计划安装安全壳过滤排放系统。

3.13　西班牙

西班牙电站尚未装配安全壳过滤排放系统。在福岛核事故后,监管方要求所有电站在2013年12月31号之前向核安全委员会提供市场上所有安全壳过滤排放系统的可用性分析,选出可应用于所有核电站的最终解决方案。在2016年年底之前,核安全委员会要求完成现场改造。

西班牙沸水堆已经装配有排放系统(不能过滤)。核安全委员会已经要求沸水堆6型的管理方分析装配安全壳过滤排放系统的可能性,包括可用技术的评估。在评估2012年电站提交的报告后,核安全委员会要求经营者在2017年前实现安全壳过滤排放系统的安装应用。

3.14　瑞士

在切尔诺贝利事故后,瑞士政府考虑在轻水反应堆中添加一个降压装置,1986年12月开始实施应对设计基准事故的方案计划,制定了1987年的规范性行动及1988年的监管指导草案。

监管要求规定核电站应具有排放能力,排放量与沸水堆衰变水平的1%时的蒸汽产量相对应,如果该容量足以应对缓慢增压的事故场景,则在大型干燥安全壳中,可降低至0.5%。

为避免长期的环境污染,气溶胶去污因子和分子碘去污因子的值被设定为1000和100。作为对监管要求的回应,在1989到1993年期间瑞士电站中安全壳过滤排放系统安装完成。

目前,瑞士监管机构没有改进安全壳过滤排放系统性能的要求,不过,福岛核事故后,它要求电站研究在排放管道出口处发生氢爆燃的可能性,尤其是在富含氢的气体过滤后,在出口管道处遇到空气的情况。

3.15　瑞典

在 1979 年三哩岛事故后,瑞典是第一个意识到需要安装安全壳过滤排放系统的国家,这记录在瑞典议会确立的能源法案新通用指南上,这个指南聚焦于防止堆芯损坏,同时要求,无论发生这样事故的可能性多小,都应确保堆芯熔化不会造成任何人员伤亡,并采纳只造成有限的环境污染的措施。按照这些建议,在 1981 年 10 月,监管法令指出,进一步要求核电站安装安全壳过滤排放系统,并符合每种放射性核素过滤率至少为 99.9% 的过滤要求(不含惰性气体)。在严重事故中,放射性物质将被保留在反应堆安全壳和过滤系统中。监管法令规定所有瑞典反应堆在 1988 年底配备安全壳过滤排放系统。

在 1800 MW 热功率的反应堆堆芯中,使^{134}Cs 和^{137}Cs 的释放量小于 0.1%,可避免大规模环境污染的严重社会后果。但是,这个限制可能导致由于长期放射性核素释放引起的被污染的区域地面剂量超过允许的放射性剂量,这通常在几十平方千米之内[1]。

1985 年,第一个商用核电站贝克配备了安全壳过滤排放系统,其为砾石砂床类型。1988 年,其他瑞典电站安装了 FILTRA-MVSS 型的多文丘里洗涤过滤器,该过滤器由瑞士研发。

由于目前安全壳过滤排放系统被设计成能够非能动运行 24 h,因此需要评估安全壳过滤排放系统在延长的严重事故工况(超过 24 h)下的使用状态。

3.16　美国

目前,美国没有强制要求核电站安装安全壳过滤排放系统,也没有电站配备安全壳过滤排放系统。在福岛核事故后,美国核管理委员会的工作人员根据福岛短期工作小组的建议,在 SECY-11-0137[21]中提出了监管措施。紧接着在 2012 年 3 月 12 号,在法案 EA-12-0502 中提出需要有效增强 Mark Ⅰ型和 Mark Ⅱ型沸水堆安全壳排放的要求。美国核管理委员会员工对 SECY-11-0137 提出了一个额外的问题,这一问题与安全壳排放有关,即通过增加过滤器来提高反应堆在严重事故工况下的可靠性,在严重堆芯损坏事故发生后,通过排放系统,限制放射性物质释放。紧接着,在 SECY-12-0137[22]中,美国核管理委员会建议,为防止严重事故后大量放射性物质释放,基于事故来源、健康影响和减少潜在风险的定量分析,辅以纵深防御的定性论证,建议委员会通过在 Mark Ⅰ型沸水堆和 Mark Ⅱ型沸水堆上安装安全壳过滤排放系统的提案。实际上,如果委员会批准这个提案,通过增强严重事故应对能力和增加额外过滤器确保放射性物质最小化,可进一步提高排放系统的可靠性。短期内,委员会要求提升安全壳过滤排放系统的排放能力,长期内,在开发更全面的技术基础时,法规要求 Mark Ⅰ 型沸水堆和 Mark Ⅱ 型沸水堆配备干式过滤器并具备严重事故管理方案。基于以上原因,美国核管理委员会在 2013 年 6 月发布了一项法案 EA-13-109[23],要求建立一个可靠的、可在严重事故下运行的排放系统,将其定义为强化安全壳排放系统(HCVS)。

强化安全壳排放系统要求所有的 Mark Ⅰ 型沸水堆和 Mark Ⅱ 型沸水堆安全壳应当配备可靠的安全壳排放系统,包括严重事故下安全壳湿阱和干阱排放。该要求在两个阶段实施。阶段一,Mark Ⅰ 型和 Mark Ⅱ 型沸水堆安全壳将设计安装排放系统,在以温度、压力、放射性水平升高和可燃气体(如一氧化碳和氢气)浓度增加为主要特点的严重事故情况下,具有从湿阱排放的能力。阶段二,Mark Ⅰ 型和 Mark Ⅱ 型沸水堆安全壳将设计安装排放系统,其在严重事故工况下具有从干阱排放的能力。或者,管理方制定并实施其他稳定的安全壳排放策略,能够在严重事故工况下,不需要从安全壳干阱中排放。

美国的核能工业界遵照 HCVS 法案阶段一的要求正在编制指导文件。核能工业界也与美国核管理委员会讨论 HCVS 法案阶段二的要求。当前,核管理委员会和企业正在开发制定安全壳过滤排放的技术依据和事故管理方案。根据行业关于应急程序指南和严重事故管理指导的最新信息,美国核管理委员会正在开展额外的源项分析和其他相关活动。这些指导方针的持续进展值得行业关注。

3.17　其他国家

未获取来自英国、中国和印度的信息。

(译者注:关于中国、印度的信息参见附录 E。)

第4章
安全壳过滤排放系统的应用现状

安全壳过滤排放系统已经在世界范围内得到不同程度的应用。第6章和附录介绍了多种设计方案、技术更新情况及从设计基准事故到严重事故的应用可行性。

基于各成员国的反馈,安全壳过滤排放事故管理分析工作组提交了一份分析报告,并通过其他的渠道补充了相关内容,包括欧洲压力测试报告[24],以下是具体国家关于过滤排放系统应用情况的简述。表4-3给出了安全壳过滤排放系统的总体概览(附录提供了商业上可用的系统的详细描述)。

4.1　比利时

比利时在两个核电站中共有7个反应堆(都是压水堆)(Doel核电站(4个机组),Tihange核电站(3个机组)),生产50%的总电量。

比利时的核电站目前没有装配安全壳过滤排放系统。但是,比利时7个反应堆中的5个(2015年后运行的5个机组⑦)正在进行关于应用安全壳过滤排放系统的相关分析,且正在考虑采用液体过滤系统(设计尚未完成)。

4.2　保加利亚

保加利亚在1个核电站(科兹洛杜伊地区)有2个反应堆,生产35%的总电量。每个反应堆都配备有高速滑压文丘里类型的安全壳过滤排放系统(见附录D)。

4.3　加拿大

加拿大在4个核电站有19个运行的核反应堆(加压重水堆)(Bruce(8),Darlington(4),Pickering(6),Point Lepreau(1)),生产其15%的总电量,所有电站都装有某种形式的过滤排放装置。

---

⑦　Doel 1和Doel 2核电站预计将于2015年关闭。

1. 单一机组电站

Lepreau 核能发电站是加拿大唯一在运行的单一机组核电站。它有一个与大多数压水堆类型设备相似的大型干式安全壳。在发生设计基准事故时,隔离安全壳和保持安全壳的完全密封是防止放射性物质释放的主要方式。为了提升整体密封系统在超过设计基准事故或严重事故中的稳定性,在 2008—2012 年的电站检修期间,这个电站装配了安全壳过滤排放系统。

2. 多机组电站

与世界其他国家相比,加拿大多机组重水堆核电站具有相对独特的安全壳设计。如图 4-1 所示,每个反应堆建筑都与共用的真空厂房相连,而不是一个单一的、宽广的安全壳圆顶。在发生事故时,这个真空厂房就成为一个蓄水池,使安全壳的压力保持在大气压之下。

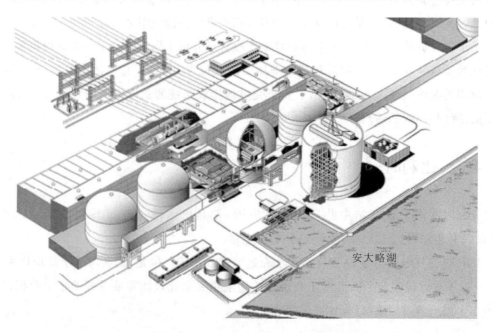

安大略湖

图 4-1 皮克林多机组重水堆核电站的安全壳,展示单体反应堆建筑连接到真空厂房

该种安全壳系统通过尽可能长时间保持负压来限制放射性物质释放。在正常运行情况下,电站中的真空厂房压力大约保持在 15 kPa,这是其应对策略的一部分。然而,为了确保在设计基准事故全过程中都保持负压,同时避免放射性微粒和碘的释放,将应急过滤空气交换系统(EFADS)作为安全壳总体设计的一部分。

应急过滤空气交换系统如图 4-2 所示,其是一个多级过滤器。在除雾阶段,过滤器除去了大部分的放射性含水气溶胶并让放射性物质返回到安全壳中,应急过滤空气交换系统配备高效过滤器来移除微米和亚微米级气溶胶,炭过滤器除去像碘那样易挥发的放射性核素。第二个高效过滤器的作用是捕获所有可能由炭床释放的炭微粒。因为下游阶段可能对水分敏感,所以在高效微粒过滤器和炭过滤器的上游安装了加热器,以蒸发通过初始除雾阶段的任何水气溶胶。在应急过滤空气交换系统中,不同阶段的作用和留存效率如下:

(1) 除雾器阶段,留存 99% 的气溶胶(再循环到安全壳中);

（2）高效过滤器阶段，留存 99.97% 以上的气溶胶；

（3）炭过滤器阶段，留存 99.8% 以上的单质碘和有机碘。

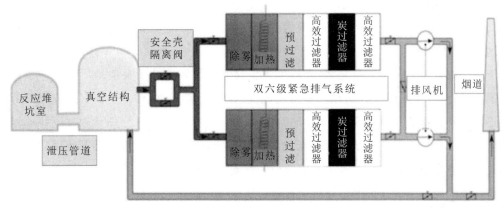

图 4-2 应急过滤空气交换系统

在设计基准事故的情况下，例如失水事故、燃料装卸事故、地震或者其他事故，应急过滤空气交换系统应可以运行以确保安全壳压力至少低于大气压 0.1 kPa。这个系统可以从二级控制室由人工操作运行，气体也可以再循环到安全壳中（用于初步采样和检测），或者向大气排放。因为一些设备的运行需要电力，包括真空泵及过滤器上游的湿度控制系统，所以在全电站停电的情况下应急过滤空气交换系统将不会工作。除雾器阶段系统可以按照设计继续运行，但高效过滤器和气溶胶过滤器的性能将由于水分进入而降低。

在 2015 年年底，西屋电气公司提出设计达灵顿 4 号机组的干燥过滤器，目前处于概念设计阶段。

4.4 芬兰

芬兰在两个核电站有 4 个反应堆（Loviisa（2），Olkiluoto（2 BWR）），生产 30% 的总电量。在奥尔基洛托（Olkiluoto）核电站，第五个反应堆（欧洲压水堆）正在建设，还有两个在计划中。

奥尔基洛托核电站在 1980 年的切尔诺贝利事故后，其两个沸水堆（Olkiluoto 1 和 Olkiluoto 2）中安装了高速滑压文丘里类型的安全壳过滤排放系统和其他严重事故管理系统。过滤排放系统的作用是用一种可控的方式使蒸汽和气体能够排放到环境中去，防止安全壳超压威胁安全壳的完整性。该系统由湿阱和干阱的减压管路组成，蒸汽和气体经由两级过滤装置和一个排放管道进入环境中。过滤器由带有文丘里喷嘴的湿式洗涤器组成，连接组合式液滴分离器和不锈钢纤维过滤器。

过滤排放系统在 0.3 MPa 的安全壳压力下，能够以 6 kg/s 的速度排出饱和蒸汽。系统设计参数：6 kg/s 蒸汽释放，对应热功率为 2160 MW 的反应堆应急停堆后衰变热产生的蒸汽量。尽管功率升级到 2500 MW，但系统的排气能力仍然被认为是足够的。

安全壳过滤排放系统的设计目标是过滤 99% 的气溶胶微粒、99% 的气态碘和 60%～80% 的气化有机碘。

为了防止氢燃烧，过滤装置和系统管道充满氮气，管道中的氧气含量低于 4%。

处理过的气体通过一个单独的交换管道排放到大气中，这些管道已经安装在电站堆栈中，一直到堆栈的出口。

干阱排放管道贯穿于安全壳墙，靠近堆顶。过滤器装置安装于反应堆厂房中。系统阀门由手动开启(在系统中没有气动阀和电动阀)。在减压装置中，有一个带有爆破阀的旁路管道连到干阱。爆破阀设计为在 0.55 MPa 下爆裂。

电站正常运行状态下不使用安全壳过滤排放系统，仅在严重事故工况下使用。通过干阱排放管道中爆破阀爆炸或者人工开启阀门来使安全壳排放系统开始运行。严重事故的应急操作规程明确要求操作员等待爆破阀打开。安全壳过滤排放系统在严重事故下的启动是非能动的，不需要操作员的任何操作。

因为奥尔基洛托核电站 1 号和 2 号机组(见图 4-3)严重事故管理涉及安全壳充水，所以上部干阱的排放是处于优先等级的。在安全壳内大部分充水的情况下，干阱顶部的泄流使过滤器排放能够正常进行。在安全壳充水和爆破阀打开前，如果必须进行安全壳排放，应使用湿阱气体排放管道。冷凝池的净化效果可以进一步减少污染物的释放。

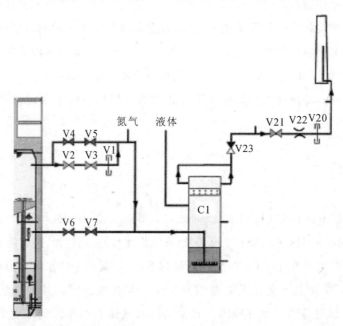

图 4-3　奥尔基洛托核电站 1 号和 2 号安全壳过滤排放系统简图

在安全壳过滤排放系统激活后的第一个 24 h 内，不需要操作员操作。在长期运行中，必须给系统补水。据估算，在严重事故期间，堆芯中 15% 的碘、10% 的铯和 5% 的碲将被过滤装置过滤，这大概相当于 150 kW 的衰变热。在系统激活 48～72 h 后，需要添加冷却剂。

与安装在奥尔基洛托核电站 3 号机组的安全壳过滤排放系统相反，安装在奥尔基洛托核电站 1 号和 2 号机组的系统不包括使含有裂变产物的流体返回安全壳的管道,这将大大降低操作系统时暴露的风险。

在芬兰安全协会的要求下,在建的欧洲压水堆机组将安装安全壳过滤排放系统,使奥尔基洛夫核电站 1 号和 2 号机组在完全丧失安全壳冷却能力后,有一个额外的控制手段。尽管安全壳过滤排放系统能够防止安全壳超压,但其主要目的是在严重事故发生后,在一个较长时间段内降低安全壳的压力。安全壳压力由专门的热量移除系统和安全壳喷淋系统控制,目的是保持安全壳压力在严重事故工况下处于设计压力以下。

洛维萨的两个轻水核电站安装有钢化安全壳,其容易受到压力低于大气压的影响,在大量不凝结气体溢出安全壳后,安全壳可能受到损坏,因此没有安装安全壳过滤排放系统的计划。作为防止安全壳超压的一个替代方法,安全壳外部喷淋系统已经在 1990 年安装,当其他的排出衰变热的方法不起作用的时候,该系统用来排出严重事故情况下安全壳中的热量。其他的严重事故管理设备已在 1990 年安装就绪。

4.5　法国

法国有 19 个核电站,共有 58 个反应堆(全都是标准压水堆)(Belleville(2),Blayais(4),Bugey(4),Cattenom(4),Chinon(4),Chooz(2),Civaux(2),Cruas(4),Dampierre(4),Fessenheim(2),Flamanville(2),Golfech(2),Gravelines(6),Nogent(2),Paluel(4),Penly(2),St Alban(2),St Laurent(2),Tricastin(4)),生产 75% 的总电量。另外,曼维尔正在建造一座欧洲压水堆。

法国所有在运反应堆都配备有由法国电力公司开发的砂床过滤型的安全壳过滤排放系统。在安全壳中,干式金属预过滤器安置在砂床池过滤器的上游,可过滤掉大部分的放射性微粒。该系统的详细描述见附录 A。

改良型的安全壳过滤排放系统正在研究中,用来解决暴露于二代反应堆中的一些问题。但法国尚未做出升级核电站安全壳过滤排放系统的决定。

最初没有要求曼维尔核电站在建的欧洲压水堆配备安全壳过滤排放系统,因为这个反应堆设计带有安全壳热量移除系统,其专门用以在严重事故情况下移除安全壳中的热量。在福岛核事故后,法国安全局要求法国电力公司就以下议题做出答复:

ECS-28:在严重事故中,安全壳压力的控制

在 2012 年 6 月 30 日之前,许可证持有者需向法国安全局递交初步安全报告或者可被考虑作为核心[8]安全系统的最终附加系统,在严重事故工况下,能够确保对安全壳内的压力进行控制。

为了满足 ECS-28 的要求,法国电力公司调查研究了包括安全壳过滤排放系统在内的多个

---

⑧　"核心"安全系统应能在极端自然现象及电力和冷却源长时间丧失的情况下运行,这些情况可能影响某一地点的所有设施。

解决方案,提出安装可移动喷淋设备对安全壳从外部进行喷淋,以延长安全壳内压力达到最大限额压力的时间。对法国电力公司来说,这个额外的时间足以用来修复安全壳热量移除系统。

现今,法国安全局暂不考虑任何其他的应对措施(包括安全壳过滤排放系统)。

4.6 德国

德国目前有 8 个核电站,共 9 个反应堆(7 个压水堆和 2 个 72 型沸水堆)(Brokdorf, Grafenrheinfeld, Grohnde, Gundremmingen(两个 BWR 机组),Isar, Neckarwestheim, Philippsburg),生产全国 16% 的电量[⑨]。德国所有在运行的核电站都配备了安全壳过滤排放系统[⑩]。表 4-1 和表 4-2 分别给出了德国沸水堆和压水堆事故管理措施的实施情况。

表 4-1　德国沸水堆中事故管理措施的实施情况(下划线标记的核电站在福岛核事故后停止运行)

措施	核电站					
	KKB	KKI1	KKP1	KKK	KRBB	KRBC
制定事故管理手册	●	●/1991	●/1989	●/1988	●/1991	●/1991
安全壳过滤排放(结合文丘里洗涤器)	●/1988	●	●/1989	●/1988	●/1991	● 1990
安全壳惰性保护	●/1988	●	●/1988	●/1988	□	□
安全壳干阱惰性保护	□	□	□	□	●/1990	●/1990
在干阱和湿阱中非能动自催化复合剂	□	□	□	□	●/1999	●/2000
为控制室提供空气过滤	●/1988	●	●/1989	●/1988	●/1990	●/1990
安全壳中的采样系统	○	●/2007	●/2001	○	●/2009	●/2009

注:● 表示通过加装方法得以实施;○表示可用;□表示不可用。

表 4-2　压水堆事故管理措施的实施情况(下划线标记的核电站在福岛核事故后停止运行)

措施	核电站										
	KWBA	GKN1	KWBB	KKU	KKG	KWG	KKP2	KBR	KKI2	KKE	GKN2
制定事故管理手册	●/1990	●/1988	●/1990	●/1989	●/1993	●/1992	●/1990	●/1987	●/1991	●/1994	●/1988
确保安全壳隔离	●/1991	●/1990	●/1991	●/1991	●/1991	√	●/1990	●	●	√	√
安全壳过滤排放(金属纤维过滤器和分子筛过滤器结合)(结合文丘里洗涤器)	●/2002	●/1992	●/2003	●/1992	●/1993	●/1993	●/1990	●/2003	●/1991	●/1991	●/1990

---

⑨　2011 年 3 月,作为福岛核事故后的直接政治决定,8 座核电站(4 座 BWR,4 座 PWR)被永久关闭。

⑩　2011 年 3 月关闭的核电站也安装了 FCVS。

措施	核电站										
	KWBA	GKN1	KWBB	KKU	KKG	KWG	KKP2	KBR	KKI2	KKE	GKN2
催化复合剂限制氢生成	●/2010	●/2001	●/2003	●/2000	●/2000	●/2000	●/2001	●/2003	●/2000	●/1999	●/1999
为控制室提供空气过滤	●/1989	●/1991	●/1989	●/1989	●/1992	●/1990	●/1990	●/1998	●/1989	√	●/1988
安全壳中的采样系统	○	●/1999	●/2010	●/2001	●/2003	●/2000	●/2001	●/2007	●/2002	●/2000	●/2002

注：√表示设计；●表示通过加装方法得以实施；○表示可用；□表示不可用。

最常用的过滤排放系统由文丘里洗涤器和位于文丘里洗涤器管道下游的金属纤维过滤器组成。其以滑压方式运行，带有一个节流孔板，节流孔板位于文丘里洗涤器管道的下游。气体在文丘里管部分以恒定速度运行以确保能够高效过滤气溶胶和分子碘。鉴于此，文丘里管部分是非常重要的，其能够提供有效的衰变热移除和最高的气溶胶负载能力，因此受到德国反应堆安全协会的青睐。洗涤液中含有一些用以过滤气态碘的化学物质（主要是氢氧化钠）。为了使放射性负载最小，包含放射性物质的洗涤液通过吸入管进入安全壳中。

在饱和蒸汽条件下，系统设计的气体和蒸汽流量（排放流）相当于额定反应堆热功率的1%。金属纤维过滤器用于深化过滤阶段。这个过滤器的目的是留存剩余的气溶胶和对再悬浮物质进行气液分离。

优化的滑压过滤排放过程有非常高的气溶胶过滤效率（＞99.99%），甚至能够过滤掉直径约为 0.5 μm 的气溶胶，还能够高效地过滤元素碘（＞99.5%），大大满足了德国反应堆安全委员会的要求（气溶胶＞99.9%，分子碘＞90%）。

排放系统永久安装于所有反应堆中。在沸水堆核电站中，排放系统通过抑压池的管道连接（见图 4-4），在压水堆核电站中，通过位于安全壳外围区域的管道连接（见图 4-5 至图4-7）。这个排放管道通过阀门（远程控制和手动操作）进行多次不同的安全保护，防止意外开启。出口流量在可控条件下通过文丘里洗涤器中的清洗液和过滤器，在单独的管路中释放。通过堆栈仪表和一个单独的安全壳取样系统来测量堆栈中的活度。通过这个系统分析安全壳内的气体，用来评估排放前的源项。

压水堆应对气溶胶和低过滤衰变热的第二个方法——金属纤维过滤器和分子筛结合，这一设计运用于一些核电站中，其中有两座核电站仍然在使用该设计方案的过滤排放系统。干式过滤方法由"卡尔斯鲁厄核研究中心"的克兰茨（H. Krantz-TK）研制开发。当今，这个系统由东芝/西屋电气公司研发（见附录 B）。这一系统已经研发出两种不同的系统设计方案，如图 4-6 和图 4-7 所示。

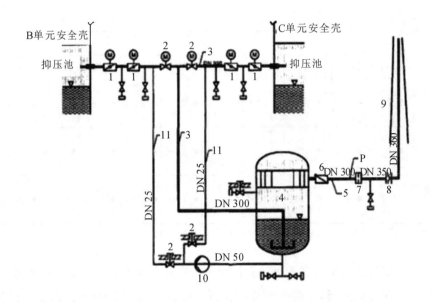

图 4-4　沸水堆 72 型的带有内部金属纤维过滤器的滑压文丘里洗涤器

(一个系统用于两个工作机组)

1—安全壳隔离阀；2—机组隔离阀；3—未过滤气体管道；4—文丘里洗涤器；

5—过滤气体管道；6—止回阀；7—节流孔；8—爆破阀；9—通风立管；

10—回油泵；11—排水管

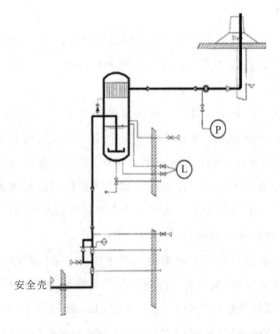

图 4-5　带有内部金属纤维过滤器的滑压文丘里洗涤器排放系统

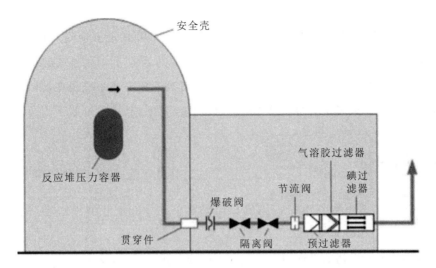

图 4-6 带有分子碘过滤器的大气金属纤维过滤器系统，
该方案由德国研究中心开发，由克兰茨实施

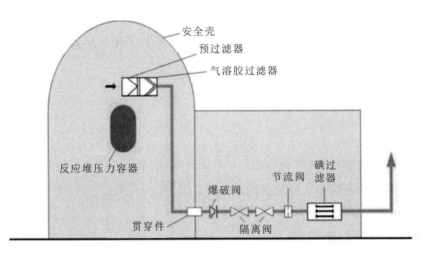

图 4-7 带有分子碘过滤器的压力运行金属纤维过滤器，该方案由德国研究中心开发，
由克兰茨实施(所有采用这种方法的核电站现今都已关闭)

4.7 日本

日本有 16 个核电站[①]，共 48 个运行的反应堆(24 个沸水堆，24 个压水堆)(除了福岛的
6 个沸水堆)，生产 18% 的总电量。日本核电站目前没有配备应对严重事故的安全壳过滤排

---

① Fukushima-Daini (4 BWR)，Genkai (4)，Hamaoka (3 BWR)，Higashi Dori (1 BWR)，Ikata (3)，Kashiwazaki-Kariwa (7 BWR)，Mihama (3)，Ohi (4)，Onagawa (3 BWR)，Sendai (2)，Shika (2 BWR)，Shimane (2 BWR)，Takahama (4)，Tokai (1 BWR)，Tomari (3)，Tsuruga (1 BWR，1 PWR)。

放系统。

目前,日本所有的沸水堆和压水堆核电站都准备安装新的能够应对严重事故的安全壳过滤排放系统。对于沸水堆,一些核电站计划安装可以从干阱和湿阱排放的新系统。

目前,计划应用于压水堆的干式过滤器系统或者高速压力式系统正在被研发,包括高速压力式文丘里型系统或者带有金属纤维过滤器的洗涤器系统(见附录 B 至附录 D)。

4.8 墨西哥

墨西哥在阿尔图卢塞罗市拉古纳佛核电站有两个 Mark Ⅱ 型沸水堆,生产 5% 的总电量。

拉古纳佛核电站最初的设计包含主安全壳的应急排放系统,这个系统通过一个 12 英寸(1 英寸约等于 2.54cm)的管道将物质排放到二次容器中,来减轻超压状况,并在超过设计基准事故的情况下,保持安全壳的完整性。

在福岛核事故后,根据国家核安全委员会下达的要求,拉古纳佛核电站已经为其两个 Mark Ⅱ 型沸水堆安全壳安装了连接湿阱和干阱的可靠的安全壳排放系统。装备的排放系统暂不包括任何额外的过滤功能。

4.9 荷兰

荷兰有 1 个核电站(鲍塞尔核电站),1 个反应堆(压水堆),生产 4% 的总电量。鲍塞尔核电站配备了高速滑压类型的安全壳过滤排放系统。

4.10 罗马尼亚

罗马尼亚有 1 个核电站(切尔纳沃德),共 2 个反应堆(重水堆),生产 20% 的总电量。阿海珐公司最近与加拿大兰万灵核电公司签订合同,将为其 2 个反应堆提供高速滑压文丘里类型的安全壳过滤排放系统。

4.11 俄罗斯

俄罗斯有 6 个 440 MW 的水-水高能反应堆(VVER)(4 个在 Kola 核电站,2 个在 Novovorenezh 核电站)和 11 个 1000 MW 的 VVER,还有 13 个石墨反应堆、4 个小型石墨慢化沸水型反应堆和 1 个快增殖反应堆(4 个在 Balakovo 核电站,4 个在 Kalinin 核电站,2 个在 Rostov 核电站,1 个在 Novovorenezh 核电站)。俄罗斯核电站目前没有配备安全壳过滤排放系统。福岛核事故后,考虑在一些水-水高能反应堆中安装安全壳过滤排放系统作为严重事故管理的应对措施(Kola 和 Kalinin 核电站)。

在 20 世纪 80 年代末,苏联已经开发了应用于水-水高能反应堆的安全壳过滤排放系统,但是没有安装。这个系统液体过滤阶段包括过滤气溶胶的喷射洗涤器和液滴分离器,干式过滤阶段由干式包含阻燃无机吸附剂过滤器组成,主要进行气态碘的过滤[12]。这些系统像应用于世界范围内的其他类型的安全壳过滤排放系统一样,由国际核安全协会负责测试。在气溶胶去污因子大于 10 000 的测试工况下,这些系统的性能与其他系统的性能相当。该去污因子足以满足俄罗斯对放射性物质的释放要求。

4.12　斯洛伐克

斯洛伐克有 2 个核电站(Bohunice 和 Mochovce 核电站)共 4 个反应堆(VVER440/V213),大约生产 50% 的总电量。

目前斯洛伐克核电站没有安装安全壳过滤排放系统。根据在核电站进行应力测试后制定的国家行动计划,到 2015 年末,将分析是否有必要对安全壳进行过滤排放,并采取其他技术措施,以便移除安全壳中的热量和减少环境辐射负荷,并考虑在严重事故管理项目中实施的措施,以及 VVER-440/V213 的其他运营商在这一方面所采取的措施。

4.13　斯洛文尼亚

2013 年,克尔什科核电站安装了西屋电气公司的干式过滤排放系统。目前,安全壳过滤排放系统仅批准非能动运行系统模式。设计安全壳过滤排放系统的目的是应对电站断电的极端工况。在这一工况下,假定没有任何安全设备是可靠的,安全壳中的水(水腔)仅来自主冷却剂系统和安注箱(非能动)。该工况也假定无人工干预且没有可靠的严重事故应对设备(如移动式发电机、泵、压缩机、连接管等)或动作。在第一次排放后随着空腔干涸,堆芯熔融物将与混凝土发生反应。

在严重的安全壳超压事件中,如 2011 年 3 月发生的福岛核事故,非能动的安全壳过滤排放系统可以减轻压力并将释放至环境中的放射性物质最小化。在减压过程中,金属纤维气溶胶过滤器将过滤气态的放射性气溶胶,而放射性碘及其有机化合物将由碘过滤器——一种掺杂银的沸石分子筛过滤。

安全壳过滤排放系统由 5 种气溶胶过滤器组成。安全壳到辅助建筑配备有爆破阀和位于平行线上的两个隔离阀;阀门用于过滤排放中的主动模式。碘过滤器位于辅助建筑中,辐

---

[12]　还开发了一种更紧凑的干式过滤系统,它由填充氧化铝颗粒的第一级和填充耐热无机吸附剂(与其他系统中的吸附剂相同)的第二级组成,被认为是一种可能的替代设计。

射屏蔽设备安装于碘过滤器的四周,当需要手动开启排放时应确保相关人员能够接近隔离阀。排放物释放到环境中时通过专门的堆栈,其将排放物引向反应堆的顶部。所有部件应满足抗震Ⅰ级要求,满足设计扩展条件和地震加速度 PGA＝0.6g 的要求(设计基准 PGA＝0.3g)。安全壳穿透部分为 ASME Ⅱ级。堆栈也应满足飓风(龙卷风)和极端户外温度的要求。

过滤效率的设计规格是气溶胶去污因子大于1000、分子碘的去污因子大于100、有机碘的去污因子大于10,经测试证实该要求可以达到。安全壳的非能动排放在 6 bar 压力下开始启动,由爆破阀激活。在安全壳的气体排放中,需向碘过滤器中加入氮气来防止氢燃烧。排放启动后,安全壳内的压力降低,逆止阀隔离了碘过滤器,堆栈在 4 bar 时,碘过滤器中再次充满氮气。

在克尔什科核电站的安全升级计划中,安全壳过滤排放系统中的部分设备安装继续进行,并在 2018 年正式启用。计划在安全壳过滤排放系统的排放堆栈中安装放射性检测器和流量计,以便监测向环境排放的情况。对于设计扩展情况,安全壳仪表必须有相应的抗风险能力。建设新的应急控制室和安装主动排放模式的隔离阀,使从应急控制室远距离操控安全壳过滤排放系统成为可能。

其他保证安全壳完整性的措施是向安全壳或反应堆堆芯中喷洒或灌入含硼冷却剂。2013 年,安全壳中安装了 22 个非能动自催化复合装置,来控制设计基准事故或严重事故下的氢气浓度。为满足设计基准事故要求,将额外安装释放阀,用以在堆芯损坏情况下降低反应堆的压力。移动热交换器(通过移动设备或空气冷却)将用来冷却安全壳或者反应堆冷却剂系统。

4.14　韩国

韩国有 4 个核电站(Hanbit (6), Hanul (6), Kori (6), Wolsong(1 PWR, 4 PHWR)),共建了 23 个反应堆(19 个压水堆和 4 个加压重水堆),生产 30％的总电量。

在 2012 年底,韩国第一个安全壳过滤排放系统在月城Ⅰ号核电站完成安装(计划获得批准后,继续运营 30 年)。韩国余下的 22 座核电站反应堆(19 个压水堆和 3 个加压重水堆)计划在 2018 年底安装配备安全壳过滤排放系统,目前正处于招标阶段。

4.15　西班牙

西班牙有 5 个核电站(Almaraz (2), Asco (2), Cofrentes (1 BWR), Trillo(1), Vandellos (1))共 7 个反应堆,生产 20％的总电量。另外的一个沸水堆在 2013 年 7 月由于经济问题被永久关停。

西班牙的压水堆核电站没有安装安全壳过滤排放系统。在福岛核事故后,2013 年 12 月 31 日,西班牙监管部门要求对市场上型号各异的安全壳过滤排放系统进行可用性分析,然后选择适用于每个核电站的解决方案。在 2016 年年底之前,西班牙监管部门要求各个核电站完成升级改造(包括安装安全壳过滤排放系统)。

西班牙的沸水堆已经安装了排放(非过滤)系统。西班牙核安全委员会要求美国通用电气公司分析 Mark Ⅲ型沸水堆 6 型安装安全壳过滤排放系统的现实可能性。通过评估该电站于 2012 年提交的报告,西班牙监管部门要求电站在 2017 年前安装安全壳过滤排放系统。

4.16　瑞典

瑞典有 3 个核电站(Forsmark (3), Oskarshamn (3), Ringhals (1BWR, 3 PWR))共 10 个反应堆,生产 40％的总电量。

根据瑞典政府的决议,瑞典核反应堆在 1988 年年底前完成了一项大范围的改装,其中包括安装安全壳过滤排放系统。

瑞典反应堆的安全壳过滤排放系统是多文丘里洗涤器系统,由艾波比原子能集团开发(现属于东芝/西屋电气公司,见附录 B)。

4.17　瑞士

瑞士在 4 个地区有 5 个反应堆(Beznau (2), Gösgen (1), Leibstadt (1 BWR), Mühleberg (1 BWR)),生产 35％的总电量。

在 20 世纪 90 年代早期,所有的瑞士核电站都安装了安全壳过滤排放系统,共有三种不同类型:

(1) 在戈斯根的压水堆核电站安装了高速滑压排放系统;

(2) 在玛荷南博格的沸水堆核电站安装了多文丘里洗涤过滤系统;

(3) 在贝兹诺和莱布施塔特的压水堆和沸水堆核电站中,安装了由苏尔寿公司开发的苏尔寿类型的安全壳过滤排放系统。

所有的安全壳过滤排放系统都由充满水和化学物质的水池或者水槽、文丘里管或者基于洗涤器的喷洒器组成。到堆栈的排放管道由爆破阀自动打开,或通过一条并联管道由远程或手动方式打开阀门。

安全壳过滤排放系统的去污因子为:碘的去污因子大于 100,气溶胶的去污因子大于 1000;一些电站希望去污因子达到要求的 10 倍。安全壳的减压速率由安全壳类型、安全壳的设计压力、移出衰变热所需的能力和预防氢气爆燃所决定。

除了组件(阀门)的功能测试外,安全壳过滤排放系统的功能测试在安全壳泄漏率测试

(4～10 年)结束时进行,用来测试其降低安全壳压力的性能。

4.18　美国

美国在 64 个核电站建有 104 座(69 个压水堆,35 个沸水堆)反应堆[13],生产 19% 的总电量。

美国的核工业和核管理委员会致力于制定和完善应对严重事故的指导文件,用以指导安装在严重事故情况下使用的安全壳排放系统。这个文件要求所有的 Mark Ⅰ 型和 Mark Ⅱ 型沸水堆安全壳都必须配备可靠的安全壳排放系统。该系统包含严重事故安全壳湿阱排放系统和严重事故安全壳干阱排放系统。

这些要求将在两个阶段实施。第一阶段,Mark Ⅰ 型和 Mark Ⅱ 型安全壳沸水堆的经营者需要设计和安装一种排放系统,该系统在下列条件下具有从湿阱排放的能力:高温、高压和高放射性;高可燃气体(例如氢和一氧化碳)浓度;与事故相关的堆芯损坏,包括反应堆压力容器因熔化的堆芯碎片引起的破损事故等严重事故工况。第二阶段,Mark Ⅰ 型和 Mark Ⅱ 型安全壳沸水堆的经营者要设计出能够在严重事故工况下,从干阱排放的系统,或者经营者开发一种可靠的安全壳排放策略,在严重事故工况下,必须从干阱排放。当前,预计在 2018 年或之前完成该计划。在这个时间框架下完成安装的排放系统不包括任何外部过滤功能。

其他类型的反应堆和安全壳(Mark Ⅲ型安全壳沸水堆、冰冷凝器、大型干式压水反应堆等)的排放问题,将在中长期工作规划中加以考虑(在近期工作小组第三阶段的工作范围中)。

4.19　其他国家

安全壳过滤排放系统应用现状如表 4-3 所示,本表不含英国、中国和印度的相关信息。

(译者注:关于中国和印度等国家的信息请见附录 E。)

---

⑬　Arkansas (2 PWR), Beaver Valley (2 PWR), Braidwood (2 PWR), Browns Ferry (3 BWR), Brunswick (2 BWR), Byron (2 PWR), Callaway (1 PWR), Calvert Cliffs (2 PWR), Catawba (2 PWR), Clinton (1 BWR), Columbia Generating Station (1 BWR), Comanche Peak (2 PWR), Cooper (1 BWR), Crystal River (1 PWR), D. C. Cook (2 PWR), Davis-Besse (1 PWR), Diablo Canyon (2 PWR), Dresden (2 BWR), Duane Arnold (1 BWR), Farley (2 PWR), Fermi (1 BWR), Fitz Patrick (1 BWR), Fort Calhoun (1 PWR), Grand Gulf (1 BWR), Hatch(2 BWR), Hope Creek (1), Indian Point (2), Kewaunee (1), La Salle (2), Limerick (2), McGuire (2), Millstone (2),Monticello (1 BWR), Nine Mile Point (2 BWR), North Anna (2 PWR), Oconee (3 PWR), Oyster Creek (1 BWR), Palisades (1 PWR), Palo Verde (3 PWR), Peach Bottom (2 BWR), Perry (1 BWR), Pilgrim (1 B), Point Beach (2 PWR), Prairie Island (2 PWR), Quad Cities (2 BWR), River Bend (1 BWR), Robinson (1 PWR), Saint Lucie (2 PWR), Salem (2 PWR), San Onofre (2 PWR), Seabrook (1 PWR), Sequoyah(2 PWR), South Texas (2 PWR), Summer (1 PWR), Surry (2 PWR), Susquehanna (2 BWR), Three Mile Island (1 PWR), Turkey Point (2 PWR), Vermont Yankee (1 BWR), Vogtle (2 PWR), Waterford (1 PWR), Watts Bar (1 PWR), Wolf Creek (1 PWR)。

表 4-3　安全壳过滤排放系统应用现状

国家	核电站	无安全壳过滤排放系统[a]	HSSPV	金属＋砂床	DFM	FILTRA-MVSS	SULZER CCI	EFADS	注解
比利时	7 PWR	□							计划在 2015 年以后投入使用的 5 个机组(尚未选定设计)
保加利亚	2 VVER-1000		●						
加拿大	19 PHWR 单机组(1) 多机组(18)		●		○			●	HSSPV 莱普罗角单机组,DFM 计划用于 4 个达灵顿机组
捷克	4 VVER-440 2 VVER-1000	■							与 SAMM 一同评估熔融物冷却
芬兰	2 VVER-440	■							FCVS 在 VVER-440 中不可用,因为容器的钢外壳容易受到低于大气压的压力的影响。在建设中的 EPR 机组配备了 FCVS
	2 BWR		●						
法国	58 PWR			●					安全壳内金属预过滤器,安全壳外砂床过滤器
德国	7 PWR		●		●				在两个压水堆机组中配备 DFM
	2 BWR		●						

国家	核电站	无安全壳过滤排放系统[a]	HSSPV	金属＋砂床	DFM	FILTRA-MVSS	SULZER CCI	EFADS	注解
日本	24 PWR	□							PWR：FCVS 计划成为"专门的安全设施"；BWR：HSSPV 和其他的洗涤器系统。额外的 FCVS 被规划为"专门的安全设施"[b]
	26 BWR	□	○						
墨西哥	2 BWR	■							正在实施的湿阱和干阱(Mark Ⅱ)
荷兰	1 PWR		●						
罗马尼亚	2 PHWR		○						计划 HSSPV
斯洛伐克	4 VVER-400	■							正在与其他的 SAMM 一同评估
俄罗斯	6 VVER-440 11 VVER-1000	■							福岛核事故后，一些 VVER 核电站正在评估中。不考虑其他反应堆(RBMK 等)
斯洛文尼亚	1 PWR				●				2013 年，DFM 安装于 Krsko 核电站中，配备非能动爆破阀

国家	核电站	无安全壳过滤排放系统[a]	HSSPV	金属 + 砂床	DFM	FILTRA-MVSS	SULZER CCI	EFADS	注解
韩国	19 PWR	□							只有 Wolsong-1 号机组安装 HSSPV。其他单位计划到 2018 年配备 FCVS,考虑安装韩国开发的系统
	4 PHWR	□	●						
西班牙	6 PWR	□							PWR:计划在 2016 年实施 FCVS BWR:强化排气可用。计划在 2017 年安装过滤器
	1 BWR	□							
瑞典	3 PWR					●			
	7 BWR					●			
瑞士	3 PWR		●				●		HSSPV 类型
	2 BWR					●	●		
美国	69 PWR	■							为 Mark I 和 Mark II 型沸水堆准备 FCVS 指导文件。2018 年或之前实施[c]
	35 BWR	■							

■ 无 FCVS　□ 已计划但设计尚未选定　● 已安装　○ 计划中

注:a 没有为严重事故设计的 FCVS,或计划安装 FCVS,但设计尚未选定;
　b 指用于抑制因极端外部事件导致的密闭失效而造成大量释放的系统;
　c 安全壳排气过滤和事故管理策略的规则制定工作正在进行中。外部过滤器的安装与否取决于规则制定工作的结果。

第5章
应急操作规程与严重事故管理指南
领域中的安全壳过滤排放策略

5.1 严重事故管理

在管理核事故后果时,首要目标是保护现场和周边的民众,同时使反应堆(和相关系统)恢复安全状态。一般可以提前预测最可能的事故场景及最可能的事件结果。对于这些设计基准事故,可以预先安装应急系统程序以处理特定问题,并可将综合响应协议作为应急操作规程(EOP)或事件导向规程的一部分来实施,以阻止事故的发展。

然而,并不是所有的事故场景都能够得到明确有效的处理,尽管应急操作规程通常足以应付那些超过设计基准的事故,但在某些极端情况下,仍可能发生严重堆芯熔化或者大量裂变产物释放。在下列情况下,严重事故管理指南提供了一个方案,用以确定作为应急响应的不同行动:① 终止堆芯损坏进程;② 保持安全壳的完整性;③ 厂内和厂外的裂变产物释放最小化。

严重事故管理指南用于常规的应急操作规程失效时,该指南不参考之前关于事故性质的任何假设,也不考虑采用该指南后产生的后果。相反,严重事故管理指南是以解决当前问题为导向的,包括建立综合诊断的步骤,以及确定尽可能多的缓解措施。事先制定多种防御措施,预防效果会更好并且更有机会降低事故总体的严重程度。这对需要很少或者根本没有操作员干预的系统尤其重要,这些系统能够在没有电力的情况下非能动地运行,独立于其他系统和常见失效模式。基于这些原因,安全壳过滤排放系统常常作为严重事故管理策略的一部分;不论反应堆的状态如何或者事故的严重程度如何,安全壳过滤排放系统通常都可以提供额外的措施来减少放射性物质释放到环境中。

对于已经应用安全壳过滤排放系统的国家来说,安全壳过滤排放系统增强了反应堆安全壳的功能。作为最后的屏障,安全壳过滤排放系统阻止放射性物质进入环境,尽可能减小放射性物质对公众健康的影响并防止严重的环境污染。安全壳过滤排放系统的首要目的是在严重事故工况下,防止安全壳超压并保持安全壳的压力位于安全水平。尽管可尽量避免放射性物质释放到环境中,但在事故阶段,安全壳过滤排放系统的运行仍然需要得到管理者明确的指示(例如何时开启排放),这些都需要国家当局的综合决策及厂内和厂外应急人员的协调。

5.2 安全壳过滤排放系统运行方案

排放规范如图 5-1 所示。核应急情况下运行安全壳过滤排放系统时,最关键的问题是排放时机。一旦排放系统打开,安全壳内的压力就开始降低,因此必须综合考量几个因素。

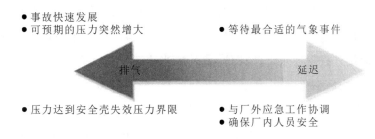

图 5-1 排放规范

(1)安全壳的失效压力 一般来说,安全壳的结构足以在任何设计工况下保持隔离的作用。然而,在超过设计基准的严重事故中,压力可能变得非常大,足以破坏安全壳的完整性。虽然设计压力与失效压力之间有一定的安全裕度,但是也应该在事故早期排放过滤后的气体以避免风险。

(2)安全壳增压和事故发展速度 随着蒸汽和其他气体的产生,安全壳内的压力增大。这些气体随着时间的推移逐渐产生,但是在像反应堆压力容器失效或者熔化堆芯与混凝土相互作用这样的特殊事件下,安全壳内的压力可能会陡然上升。无论何时考虑过滤排放,升压速率和潜在的压力陡升都应被考虑进去。太长时间的延迟可能会导致安全壳压力超过破裂压力,而安全壳过滤排放系统只能在设计条件允许的情况下尽快地缓解压力。压水堆、加压重水堆和新一代沸水堆的安全壳设计有相当大的容量,但像 Mark Ⅰ型和 Mark Ⅱ型的沸水堆的安全壳容量较小,在严重事故中,可能较快就达到了安全壳保持完整性的限定压力。许多国家在 20 世纪 80 年代设计安装了安全壳过滤排放系统,这些国家根据从福岛核事故中吸取的经验教训,正在重新评估当前的系统。

(3)现场应急响应和辐射防护 排放的决定应当尽可能多方协调好,确保现场、控制室和应急响应人员都得到足够的屏蔽和保护,包括室外的所有人员,也包括靠近排放装置或排气管道的人。安全壳过滤排放系统的屏蔽应当纳入其设计之中,因为安全壳过滤排放系统过滤留下来的裂变产物会造成辐射危害。

(4)与场外应急人员的协调 在排放时,安全壳过滤排放系统能够捕获大部分放射性物质,但仍有一部分有放射性的气溶胶、蒸汽和各种惰性气体释放出来。因此,过滤排放时应当尽可能与现场外的应急人员协调好,确保疏散、屏蔽和分发碘化钾片工作能够有序进行,最大限度地保护公众。在一些区域,排放至少延迟 24 h,最大限度地给予时间,让场外人员有所准备。

（5）风和天气条件　从安全壳过滤排放系统排出的所有放射性物质的扩散和迁移取决于风和天气条件。在不稳定的气象条件下，白天排放将会导致更大范围的扩散，但相比晚上稳定的天气条件，放射性物质的总浓度更低。同样，降雨会增大非惰性气体放射性的积淀，产生更严重且更地域化的环境污染。排放应当尽可能协调好，让风引导污染物远离人口密集区域和敏感区域。

通常根据已建立的程序和标准决定是否排放，并与国家责任机关协调响应。过滤排放系统的运行，将以设计基准事故的应急操作规程和严重事故应急指南作为指导。需要注意的是，应当做好电站外放射性水平的评估，尤其应当协调好安全壳排放的时间和持续时间，使对公众健康的影响最小化。

一旦启动安全壳过滤排放系统，系统将捕获大部分排放出来的放射性物质，安全壳内的压力将会降低，压力降到足够低时，排放可以停止。如果排放由控制室（而不是由排气管道中的爆破阀）启动控制，则在事故继续进行时，可以在必要时关闭和开启主动循环，核电站操作员能够以恰当的方式持续监控事故的进展。关于系统仪表的讨论见第10章。

5.3　国际标准

国际原子能机构制定了几项安全标准，适用于严重事故管理的常规处理、安全壳设计和应急响应：

NS-G-2.15，"核电站的严重事故管理方案"[25]；

NS-G-1.10，"核电站反应堆安全壳系统设计"[26]；

GS-R-2，"核与辐射应急情况的防备和应对"[27]；

GSG-2，"核与辐射应急情况的防备和应对规范"[28]。

NS-G-2.15[25]概述了严重事故管理方案的一些基本组成部分，并提供了一个框架，各国可据此开发自己的系统和程序。如NS-G-2.15(2.6)所述，严重事故管理方案的主要目的是尽可能长时间地保持安全壳的完整性并最大限度地减少放射性物质的释放。文件多次阐明保证安全壳完整性是最为重要的，建议将过滤排放系统作为系统工程之一，这对缓解事故管理领域的超压管理非常有价值。

NS-G-1.10[26]建立了许多与安全壳相关的基本设计规范以应对事故。NS-G-1.10(4.143)的内容是关于设计基准事故的，NS-G-1.10(6.16和6.20)的内容是关于严重事故处理的，它们指出，无论安全壳通过何种方式排放，排放物都应当过滤，以减少放射性物质对环境的影响。在NS-G-1.10(4.224)和(6.30)～(6.32)中，强调了操作安全壳过滤排放系统的控制系统和观察仪表的重要性，包括监控安全壳压力和温度、安全壳结构中的剂量率的仪器及附加外围建筑和烟囱中记录气体释放的活度监视器。

国际原子能机构关于核事故后应急响应的标准见 GS-R-2[27] 和 GSG-2[28]。GS-R-2 强调应急响应和应急准备的主要目标和标准是保护公众和减小核危机的影响后果。另外，GS-R-2 还给出了预计辐射剂量或者当前辐射剂量超过一定限制时，所采取行动的具体标准。部分内容如下：

(1) 对于急性辐射剂量，外部剂量超过 1 Gy(胎儿 0.1 Gy)，及不同器官的内照辐射剂量超过 0.2~30 Gy，应采取应急保护措施控制污染，监测健康和接受医疗咨询；

(2) 随机辐射效应的缓解，如果在事故后的 7 天对公众的辐射剂量超过 50 mSv，则应采取甲状腺的碘防护措施；如果 7 天的辐射剂量超过 100 mSv，要采取屏蔽、疏散、控制污染和食物来源等措施。如果一年的辐射剂量超过 100 mSv，除了以上措施外，应当考虑居民临时转移。

GSG-2[29] 给出了所有标准。不接受该规范的国家必须确定自己的应急标准和剂量限制，但 GSG-2[29] 是公认的国际标准，可用于决定如何最好地应对严重事故，以及是否开启排放。

5.4 压水堆和加压重水反应堆安全壳过滤排放方案

压水堆和加压重水反应堆的安全壳通常相当大，干燥的腔体能够承受来自受损反应堆的大量蒸汽和其他气体。在应用安全壳过滤排放系统方面，尽管不同国家有不同的设计和监管要求，但应急操作规程和严重事故监管指南的通用原则之一是反应堆厂房应当尽可能长时间保持封闭。无论是否使用安全壳过滤排放系统，都应当尽可能地延迟排放，让安全壳发挥它的作用，但在安全壳过滤排放系统可用的情况下，如存在不受控制的安全壳破损的风险，则应该尽早做出排放的决定。

5.5 沸水堆安全壳的过滤排放方案

与压水堆和加压重水反应堆的安全壳相比，沸水堆安全壳主要依靠大的抑压池来凝结蒸汽，降低整体压力。目前，在沸水堆核电站中，根据特定的沸水堆安全壳类型和特定国家的监管要求，严重事故的放射性释放缓解方案和方法也不同。

在 Mark Ⅰ 型和 Mark Ⅱ 型安全壳中，在即将超过主安全壳压力限制时，排放系统将会打开。长期以来，排放系统都被认为是一个重要的设施，因为如果排放口的尺寸过小，沸水堆安全壳在严重事故中更容易超压爆裂。遗憾的是，在多数情况下，设计的排放系统都是不带过滤系统的，单独的安全壳过滤系统被认为是不必要或不符合成本效益的，因为抑压池的洗涤功能起到了很好的过滤效果。老式沸水堆的排放设计仅仅被视为防止堆芯熔化的最终手段，或者作为防止不可逆、不可预测的安全壳破裂的最后手段，否则，安全壳的破裂会导致大量物质释放出来。图 5-2 展示了 Mark Ⅰ 型和 Mark Ⅲ 型安全壳类型的差异及其相应的排放路径。

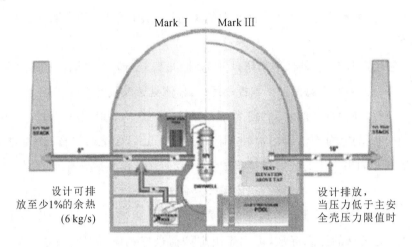

图 5-2　Mark Ⅰ 型和 Mark Ⅲ 型安全壳排放设计比较

　　Mark Ⅲ 型反应堆的安全壳方案与 Mark Ⅰ 型和 Mark Ⅱ 型的有很大的差异。目前来看,排放方案因国而异。例如,在西班牙,安全壳排放由专门的排放系统执行,是强行排放,除了抑压池过滤外没有任何其他的过滤方法。安全壳排放被列入西班牙应急操作规程和严重事故管理指南中。在有的国家,安全壳过滤排放系统可设计成早期排放策略的一部分,在应急情况下控制/管理安全壳相关参数(例如压力、温度和氢含量),也可以通过防止氢聚集,保护安全壳构架;在某些反应堆中,充当最终的热阱,并通过低压系统向安全壳和反应堆注水。在每个核电站中,至少要有一个排气管道能够在失去支持系统(如电源和仪表气源)的情况下可现场手动操作,并且能够在失去支持系统的情况下现场关闭管道并再次打开。

第6章
不同安全壳过滤排放技术详述

当前安装的安全壳排放过滤装置,使用了不止一种过滤技术。例如一种使用水作为第一阶段过滤介质的湿式系统,还配备了其他过滤介质,以消除液滴和微粒气溶胶的释放,甚至还可以配备一个包含某些吸收介质的阶段,用于过滤气态碘物质。其他设计将深层过滤作为主要过滤阶段,又被称为干式过滤器,同时使用金属纤维、陶瓷或者砂床来过滤气溶胶。金属纤维干式过滤器配备有液滴分离器,可选择是否配备冷却管和碘物质吸收设备。

6.1 带有水洗器-液滴分离器/深床气溶胶过滤器的安全壳 过滤排放系统

气溶胶微粒和气体裂变产物(如碘和四氧化钌)的过滤通过水池洗涤来完成,例如通过含有化学添加剂的水池来吸收气溶胶-碘含尘气体,这是一种十分成熟的技术。在现行情况下,水不仅起到对微粒、气态碘和钌的过滤作用,而且能够起到吸热器的作用。

水洗涤器留存气溶胶微粒和气态物质的效果取决于下列因素:使用的喷雾装置类型、水柱中提高微粒和气体转移作用的台架类型、由空泡流体动力决定的空泡尺寸和留存时间等。使用水作为主要过滤介质的一些技术已经用于包括反应堆在内的多种工业应用之中。

吸热器的吸热能力首先取决于可用水量及其温度,再就是与排放气体有关的接收到的热能和所过滤的裂变产物的衰变热有关。

最初,水洗涤器的水池中的冷却剂处于较低温度,蒸汽凝结导致水池中的水温先快速增加,但是随后温度因水沸腾或者蒸发降低,这取决于排出气体是否由100%的蒸汽组成。在快速升温结束时,需要判断水量损失的情况,当水位低于一定水平时,水洗涤的效果会降低,这时需要补充水。这一过程达到规定要求所用的时间,定义为排放无人值守能够自动运行的时间。如果没有安装一个单独的水存储容器(在需要的时候可以补充水),水池容纳的水量就决定了水洗涤器的尺寸。

影响水洗涤器高度的其他重要参数包括:冷凝增加的水量,气体喷射膨胀达到的膨胀水平,促进液滴回落所需要的高度,该高度由水表面的气体或蒸汽的气泡爆裂产生,及安置液滴分离器/深床细气溶胶过滤器的调整空间。

除了水洗涤器以外,还需要一个单独的液滴分离器或者结合深层气溶胶过滤器,来避免含有熔化裂变产物和悬浮颗粒的受污染液滴释放出来。同时水过滤阶段不能有效地留存亚微米级的微粒,所以深床气溶胶过滤器的另一作用是留存气溶胶微粒(亚微米级),保护过滤装置。

深床气溶胶过滤阶段的气溶胶负载应限定在规定值内,以避免阻塞情况发生。同时过滤器的气溶胶负载值也应考虑气溶胶混合物的特殊情况(例如高水分)。因此,在一个长期排放运行期间,带有池洗涤器的恒定高气溶胶留存效率的试验验证对于避免下游深床过滤元件过载十分重要[29]。同样,到达液滴分离器的液滴数量应相当低,在所有可预见的条件下,液滴分离器的效率应尽可能高,避免液滴从过滤管道逸出到出口管道或者保护游离气体进入深床过滤阶段。

采用水化学来留存气态碘的裂变产物和留存最初以化合物或者气体形式存在的碘,包括使用维持高 pH 值(碱性)的化学药品和还原剂。然而,应注意有效抑制碘离子的热氧化和辐射氧化,以及在水池中与有机材料的反应(自由基反应)[30]。如果酸性气体流入安全壳过滤排放系统使得 pH 值偏低且还原剂浓度偏低,则安全壳过滤排放系统中可能会有大量的气态碘释放出来[31]。

通过水洗涤器留存有机碘已经成为一项技术挑战[32]。近来,人们通过调研和技术研发,做了减少有机碘/气态碘的各种尝试,例如将含银的沸石分子筛过滤器作为洗涤器的一个附加的过滤器[33],或者使用添加剂以加强从气泡中留存气态有机碘,将碘离子固定在水相中以抑制再挥发。但据文献报道[34,35],一些特定的洗涤液添加剂可能产生负面效果,如泡沫化或燃烧,尽管反对这种观点的证据也已经提出[36]。

工业中常使用沸石吸附特定目标分子。一些公开的文献讨论了沸石作为吸附剂的优缺点。例如,气体过热度低或者润湿表面速度高[37]、碘吸收剂量率和一些惰性气体的额外吸收[38]、毒性[39]、氢反应[40,41]、碘再次挥发等,这些不利因素可能会降低沸石为吸收媒介时的过滤效率。水洗涤器对气体进行了预清洗,这可能会减少那些不利影响。

化学控制或者新台架的设计参数取决于碘负载和气相种类等。

尽管早期排放的气溶胶在过滤床中进行过滤,但这个阶段相当短,过滤下来的微粒主要沉积在滤材的表面,如纤维或者其他多孔介质。主要的留存方式是由阻塞、拦截、压紧、布朗运动这样的机理驱动的。

特别是对于细微颗粒,深床过滤截留阶段可以被用于单独过滤,也可作为后过滤阶段。

过滤方法中所用的固体深床过滤功能的原理基于不同过滤层和过滤阶段留存气溶胶大多数是均匀分布的的设计规范,目的是避免某些过滤层气溶胶堵塞,这个可能引起相应层的局部堵塞。过滤理论表明,气溶胶在滤料上的留存/黏附一般取决于气溶胶的大小和类型、流动动量产生的撞击力、温度等。因此,不同的气溶胶尺寸和种类、流速、气体密度、温度、干燥或者暂时潮湿情况等,对每一过滤层的留存效率都会产生影响,最终可能会导致过滤层内气溶胶分布非常不均匀。如果过滤器应设计为高效的气溶胶过滤器,则这些影响非常重要。

6.2 带有吸附剂截留阶段的金属纤维过滤器

金属纤维过滤方法设计成深床过滤,通常由两个或多个阶段组成,主要包括湿式过滤阶段(包括水分离)和其后的干式过滤阶段。在干式过滤阶段中,金属纤维表面有非常高效的固态和可溶性气溶胶滞留效果。这些过滤阶段配备 2～3 微米级的纤维过滤层。干式过滤阶段必须进行有效控制,避免发生冷凝,要不然其水分或者水滴可能会溶解掉已滞留的可溶性气溶胶[42]。

由于高气溶胶负载,在过滤器的压降增大之前,在给定气流速率下,裂变产物气溶胶与非放射性气溶胶的总量决定了过滤装置的滞留容量及时间。极端情况下,气溶胶可能导致过滤器堵塞[43-45]。在给定情况下,气溶胶负载的所有设计参数都应避免堵塞情况发生。所以,深床过滤阶段的气溶胶负载应当有一定的限值,以避免关键部分发生堵塞。最大的过滤器气溶胶负载值也应当考虑不同气溶胶混合的特定情况[29],包括高湿度情形(如果这些情况不能排除在过滤介质之外)。

过滤器中的滤材由一些几微米的金属纤维组成,具有非常低的吸热能力,这是由于高孔隙率使得滤材质量和导热系数都很低。在排放之后没有通气的情形下,大量活跃的气溶胶粒子被过滤,裂变产物衰变热积累后,可能导致气溶胶温度足够高,使过滤的挥发性裂变产物再次挥发或者再次熔融[46](当每秒大约积累 400 W 的热量时,250～300 ℃的铯可能再次挥发[44])。若再次启动排放,可能会使气体进入环境中。大面积的过滤表面、能够耗散衰变热的工程手段(如法国电力公司的砂床以及用压力送风机冷却)或者带有全面冷却管的气溶胶过滤器,将热传递到周围环境中,可以避免临界温度过高[47]。

吸附剂留存阶段:第二或第三洗涤器过滤阶段下游或者深床过滤器,使用基于分子筛的含银沸石,来过滤元素碘和有机碘。该类滤材的有机碘过滤效率主要取决于气体停留时间和过热情况[44]。所选的技术设计和操作条件在整个排放阶段应当能够按要求对有机碘进行过滤。尤其对于敏感的状况需要充分的试验验证,如系统频繁启动或者低的安全壳压力和衰变热传递。

如果此类不利因素无法从技术上解决,那么上述过滤情况不适用于沸石滤材。必须指出,由于主过滤器的收集效率高,如果没有大量的再次挥发引起挥发性物质转移的话,第二沸石过滤器的气溶胶数量和相关的衰变热负载将显著降低。

6.3 砂床过滤器

根据其物理特性,当蒸汽通过砂床时,由厚度较大的沙子进行清洁,最终排放到过滤水中。工业应用中需要带有一定面积的紧凑型砂床,以获得较完美的过滤速度。过滤方法常采用深床过滤并且必须在干燥条件下进行。这样的过滤器带有不同的过滤层,这些过滤层有不同的直径尺寸。

类似于金属纤维过滤器的干燥过滤阶段,在干燥的砂床中,固体和可溶气溶胶过滤发生在颗粒表面。在干燥过滤部分,干燥的运行条件应当可控,以避免过滤水分或水滴时使保留的可溶性气溶胶再溶解[45]。为了避免这样的影响,可以提供一些措施来预热过滤器部分及对其进行保温防止热量散失。20 世纪 80 年代[48],法国通过试验确定,只要可以避免蒸汽凝结,气溶胶微粒的过滤效率可达到 100%。

金属预过滤器安装在砂床过滤器安全壳上游,可提高总气溶胶过滤效率(去污因子达到 1000)。因为金属预过滤器更容易堵塞[49],如果整个过滤压降过高,则应提供旁路过滤器进行过滤。因为在金属过滤器堵塞后,整体过滤效率会降低到大于 100。

在砂床的大面积表面区域和上游管道,元素碘在吸附和再挥发之间达到平衡。目前砂床过滤器对有机碘的过滤能力尚未验证,因为砂床对有机碘的留存未经过试验核实。这项试验将作为缓解放射性泄漏试验(MIRE)及非能动和能动系统中严重事故源项缓解试验(PASSAM)计划中的一部分来实施[14]。

6.4 公众领域可利用的一般信息

20 世纪 80 年代后期至 90 年代早期,美国核管理委员会和能源部组织和承办了核能空气净化会议,会议发布了许多关于安全壳过滤排放系统的论文并提出 80 年代后期的发展规划[50,51]。1988 年 5 月,关于安全壳过滤排放系统的经贸组织专家会议召开,该会议为该领域的首次论坛会议[1]。会议提出了对安全壳过滤排放系统的管制要求和可用的安全壳过滤排放系统方案。

经合组织关于放射性气溶胶的技术进展报告介绍了过滤系统发展的历史[52],介绍了不同滤材的过滤机理。这篇报告介绍了用于安全壳正常运行和设计基准事故时的过滤器。此外,还简短介绍了开发于 20 世纪 80 年代和 90 年代早期的商业排放过滤器,并提供了国际上(高级安全壳试验 ACE 试验)和单一国家(瑞士)的试验工作来验证安全壳过滤排放系统模型的过滤效果的相关数据。

一篇来自美国电力研究协会的题为《反应堆安全的技术基础》的文献[53],介绍了 ACE 试验的一些细节。其中特别强调,由于过滤器的出口处气溶胶的浓度极低,ACE 试验中的去污因子有较大的不确定性。美国电力研究协会的报告还强调,以去污因子为单一指标的过滤器性能比较是没有意义的,因为它们有不同的设计基础、假定的操作条件和试验约束。

6.5 安全壳过滤排放系统

现在,有多种安全壳过滤排放系统安装在核电站中。应用的排放系统根据不同的留存技术可以被归类为三种：① 法国核电站反应堆中使用的是金属纤维预过滤器与深床过滤器；② 阿海珐，CCI-AG 和西屋电气公司，用水洗涤器进行第一步过滤，其他阶段过滤液滴/细小气溶胶；③ 西屋电气公司[14]，金属纤维过滤器用于气溶胶过滤阶段，额外的吸附阶段进行气态碘过滤。

根据最近事故的调查结果，研究者对安全壳过滤排放系统的性能进行了提升，加强安全壳过滤排放系统的性能来提升对气态碘、高挥发性的有机碘和铯的过滤效果。

每种单一的过滤技术和多种技术的组合使用，可参考第 7 章"安全壳过滤排放系统的推荐设计规范"中给出的相关建议。

在本书中介绍的特定的安全壳过滤排放系统技术和产品只是反映了这样一个事实，即这个系统目前是可用的，并且相应的设计师或供应商已经提供了信息。其他系统正在开发中，并可能商业化。由供应商提供的系统详细信息见本书附录 A 至附录 D。供应商已经提供了关于自己实施的试验项目的一些研发信息，关于性能的关键信息和其他重要方面有不同程度的细节描述。

---

[14] 这里不考虑用于 CANDU 多单元电站的 EFADS 系统，因为它主要用于设计基础事件。

第7章
安全壳过滤排放系统的推荐设计规范

在大多数经合组织国家,针对严重事故的管理措施已经到位,如早期屏蔽或疏散,某些国家提供碘化钾药片[54-57],作为保护公众的附加手段。这些措施能够保护公众免受因吸入惰性气体、气态碘和气溶胶而产生的电离辐射以及避免地面污染。此外,避免食用受污染的食物和水也是管理措施的一部分。

然而,保护措施的效果取决于许多因素。安全壳过滤排放系统有保护安全壳和减少放射性物质进入环境的双重作用,能够进一步地保护公众和环境。在某些国家,安全壳过滤排放系统被强制性要求安装。但需要强调的是,安全壳过滤排放系统并不要求对惰性气体滞留予以考虑。

尽管监管是以目标为导向的,但是大多数关于安全壳过滤排放系统的设计规范是针对核电站的。在气体的过滤效率和留存所捕获过滤物方面,安全壳过滤排放系统的性能应符合各个国家的监管要求,如果已经符合,则应考虑环境后果程度和实现安全目标的排放水平。在经合组织国家中[54-56],安全目标的定义有较大的差异。范围从"没有定义"到"模棱两可的定义",如"低至合理利用";将环境污染限制在边界的几千米内并限制其造成的长期健康影响;可以通过应用安全壳过滤排放系统降低风险并控制成本。基于现有规范,欧盟就严重核事故提出了通用的风险目标,其中包含国际原子能安全目标和规范[56]。环境污染程度是一些安全机构最为关心的方面,尤其是对靠近人口密度较大的中心区域的核电站。

核电站的类型和设计、运行特点和严重事故发展决定了热工过程、气溶胶和气化裂变物的产生和传递及安全壳中的热化学和辐射化学问题,即有多少物质能够传递到安全壳过滤排放系统。安全壳过滤排放系统的设计和性能同时决定了放射性物质的释放程度。再次强调,惰性气体不能被安全壳过滤排放系统截留。

设计规范应当考虑安全壳过滤排放系统的设计目标,并介绍一般设计要求和规则,包括触发条件和排放时间、排放流动速率、热工水力边界条件、气溶胶负载和特性、碘负载、避免再次悬浮、推荐设计裕度、主动或被动使用策略、氢负载、工作人员和公众的放射性保护、安全壳过滤排放系统的多单元使用、维护和检查,以及其他的包含台架和功能分类的规范。

7.1　安全壳过滤排放系统的总体设计建议和规范

安装安全壳过滤排放系统有两个主要目的:第一是通过将气体排放到环境中,防止持续增压,保持安全壳的完整性;第二是通过过滤排放,减少放射性物质的排放,使排放量低于一定值,避免大范围的环境污染和对人员健康造成不利影响。

使用可靠的、已验证过的过滤过程及不同运行条件下能够可靠过滤的完整系统设计可达到以上目的。

选择或设计安全壳过滤排放系统需要考虑的一般设计规范如下。

(1) 使过滤后的污染物(如铯和碘的混合物)再次悬浮或者再次挥发的危险最小化。

(2) 使用耐高温和抗辐射材料,例如金属或者陶瓷材料。

(3) 提高可燃气体的安全性,尤其是:

① 防止来自安全壳的燃烧蔓延;

② 在系统内部,确保高自燃温度阈值,降低氢燃烧的可能性;

③ 在排放运行操作开始之前,预热安全壳过滤排放系统,以尽量降低由于蒸汽冷凝而达到氢爆燃浓度的风险;

④ 研究压力边界的设计(管道和外壳)是否能够应对氢燃烧负荷。

尽管验证过滤技术有效性的标准各个国家不尽相同,但是一般来说,已有或将要执行的试验应该验证过滤和留存性能的有效性。

这种情况下,留存阶段的稳定性应由不同的运行工况验证(满负荷、部分负荷等)。

(1) 为预期的气溶胶数量提供足够的处置能力[15],包括:

① 气溶胶粒度分布(小的和大的);

② 气溶胶种类(吸水的、不吸水的、充分吸水的等)。

(2) 提供可靠的衰变热传递:

① 辐射防护池液体蒸发;

② 固态过滤器传热到安装位置;

③ 热量从装置室转移到环境中。

(3) 控制气溶胶/碘再次蒸发和再次挥发:

① 启动过滤器;

② 高温;

③ 提高湿度,这适用于固态过滤器类型(例如金属纤维过滤器、砂床过滤、吸附剂等)。

(4) 在过滤系统的任何空间/表面,提供氢自燃温度的安全裕度。

---

[15]　为了降低过滤器堵塞的可能性,推荐使用过载能力进行验证。

另外,安全壳过滤排放系统的设计应当满足核电站的其他要求。这些要求包括以下内容。

(1)针对位于安全壳隔离阀下游的过滤排放系统,有关系统冗余及/或单一失效规范应用的要求。

(2)安全壳过滤排放系统(管道/过滤器部分及其相关附属系统)应对特定地震时的稳定性。

(3)在以下情况下,安全壳过滤排放系统的功能不会失效:① 内部或者外部冷却时;② 核电站在极端温度条件下;③ 交流电和直流电部分失效;④ 核电站压缩空气/氮供应失效;⑤ 电站去离子水或者正常水供应失效。

(4)避免安全壳内形成压力低于大气压的情况和未经计划的洗涤水回流进入安全壳中。

(5)防止由风、内部爆炸及物品坠落产生的物体撞击的风险。

(6)机械和电力系统的安全等级[16]。

(7)仪器和现场/远程控制隔离阀。

(8)安全壳过滤排放系统、进口和出口管道布局、热绝缘和屏蔽的位置;

(9)其他。

7.2　安全壳过滤排放系统的主要设计规范和设计建议

7.2.1　排放启动

如果没有操作员手动介入打开隔离阀,则排放可以完全被动地开启;如果由操作员打开隔离阀,则主动启动排放。不论启动是主动的还是被动的,都要依据操作指南。排放启动主要由安全壳设计压力或者操作指南决定,依据电站类型、安全壳尺寸和其他因素,启动压力可在2～9 bar范围内浮动。因此,FCVS启动和终止条件会影响FCVS的负载和FCVS的绝对排放,这些条件很大程度上取决于FCVS的实际性能。

在多个排放循环情况下,隔离阀的关闭和再次打开也是可能出现的,作为事故管理程序的一部分,目的是将负荷限制在许可条件内。早期排放(事故发生之初的几个小时)或者非常迟的排放(事故已发生几天)的需求明确指出了气溶胶在安全壳中可接受的状况,一旦排放开始,其决定了安全壳过滤排放系统的裂变产物负载。因此,就现有设施来看,负载范围

变化很大,难以就各种核电站类型和条件提出一般性建议。

目前,在丧失热阱时压水堆的长期和沸水堆的中期余热排出过程中,缓慢增压和压力瞬变时安全壳过滤排放系统的运行是可提前预见的。这两种情况的相关操作方法在严重事故管理指南中都可找到。在操作规程中,安全壳过滤排放系统操作的潜在集成(在过渡过程转变为实质性堆芯熔化之前,或在包括导致早期排放的堆芯熔化的快速加压场景中)可能需要建立安全壳过滤排放系统操作和/或重新评估安全壳过滤排放系统的设计目标,并将其集成到此类操作的程序中。在应急操作规程方面,安全壳过滤排放系统操作的潜在目的是试图在氢释放发生之前,降低安全壳中的氧气浓度,或者由于发生堆芯熔化,在任何有重大影响的放射性物质释放之前,限制安全壳持续增压,这些都有一个共同目的就是为应对快速增压提供一定的时间裕度。换句话说,较老的安全壳过滤排放系统被设计成应对安全壳内的长期增压,但新的安全壳过滤排放系统被设计成应对早期事故处理中新的或者更有挑战性的状况。详见第 10 章。

7.2.2　排放流量大小

一旦安全壳过滤排放系统启动运行,不论是被动还是主动模式,安全壳过滤排放系统的目标之一是防止安全壳内的压力进一步增加。在排放时,排放速率应当保证排放出与蒸汽量和产生的不凝结气体相一致的能量规模。排放流量决定了安全壳内的降压速率,降压速率决定了何时能够达到期望的安全压力。为了在现场尽可能早地将低压冷却剂注入系统,需要在不引起任何负面效果(如由于降压速度过快引起水迅速蒸发)的情况下,在一个相对较短的时间内,使安全壳内的压力达到足够低的值。最佳安全壳降压策略的另外一个可能的作用是,产生足够的裕度应对突变反应(如氢燃烧),避免威胁安全壳的完整性。在 20 世纪 80 年代和 90 年代,没有考虑将第二个作用作为一个规范,因为安全壳过滤排放系统概念仅考虑由于熔化的堆芯-混凝土相互作用引起的安全壳缓慢增压情况。

对大多数现存安装的安全壳过滤排放系统来说,总流量在 80 年代和 90 年代被定义为与衰变热相关的热排出流量,该值依据核电站的类型[58]在总衰变热的 0.5%～1%范围内。此外,应考虑在排放过程中,没有突然出现非常高的能量猛增到安全壳内的气体中的现象。

安全壳过滤排放系统的进出管道尺寸和安全壳过滤排放系统自身的设计应符合指定流量及其热力学条件。结合电站安全研究,在评估安全壳过滤排放系统性能时需要重点注意,在排放启动后发生任何能量反应(如氢燃烧等)的极端情况下,设计的安全壳过滤排放系统流动速率是否能够使安全壳内的压力降低。

7.2.3　热负荷

与排放流量有关的热能,由排放流量、蒸汽的组成元素、安全壳内的压力及温度决定。热量大部分会被滤材吸收。此外,还应考虑在入口管道和安全壳过滤排放系统边界处的热能损失。正如上面所介绍的,所需排放流量由安全壳中的热工水力条件决定,例如蒸汽和不凝结气体产生过程、热能、排放启动时的压力水平,以及一旦排放启动安全壳的降压速度,热负荷可能高达几兆瓦。

安全壳过滤排放系统的第二个热量来源是裂变产物的衰变热。根据电站类型和事故情形所需的排放情况,衰变热的数量等级在几兆瓦到几百兆瓦之间,变化很大。

选择的安全壳过滤排放系统技术应该以非能动的方式安全地处理累积的衰变热。在排放过后的裂变物留存阶段,衰变热可能会导致临界温度状况发生。为了避免发生这种情况,对留存的物质必须有一定的安全裕度,防止其重新悬浮或挥发,并避免在高温下气溶胶在留存阶段熔化的临界条件[46,52]。

无须再次补充水或化学物质,洗涤阶段的设计必须能提供足够的非能动运行时间,如通常要求大于 24 h。

对于固体过滤阶段的传热方法,应考虑类似的要求(过程中通常不要求时间限制)。如果这个过程中热量被传递到台架安装室,则必须考虑台架安装室的温度限值。

7.2.4 气溶胶负载和特性

对于早期排放情形,裂变产生的气溶胶决定了过滤器的气溶胶负载,主要的稳定气溶胶由熔化堆芯和混凝土的相互作用形成。

在安全壳中,气溶胶可能由不同裂变产物和稳定物质聚集形成。随着事故发展和排放的进行,组成成分可能改变。多个研究表明,微粒的尺寸可能有一个很大的范围。从反应堆主冷却剂系统进入安全壳的主要微粒尺寸在 $1\sim2~\mu m$ 之间,但在安全壳中,由于吸湿、聚集和凝固等,微粒会变大。但是也不能排除存在比 $1~\mu m$ 更小尺寸的微粒的可能性。这些粒子的混合物可能存在于过热条件、饱和条件以及潮湿环境中。

一般公认亚微米尺寸的微粒是最有渗透性的气溶胶微粒。对离开过滤器的微粒尺寸的分布通常没有特别的规定,或许是因为测量尺寸分布有很多困难。安全壳过滤排放系统的设计,已经就减少渗透性最强的微粒做了许多尝试,如结合不同的留存技术和使用细化气溶胶过滤器。

7.2.5 碘负载

在试验之前,一般认为,安全壳中存在相当少的气态碘,主要由元素碘组成。最近的 Phebus FP 试验[59,60]指出了有机碘组分的重要性,不论地坑是否处在高 pH 值,以及控制棒中的碳化硼对挥发性碘造成的潜在影响。尽管有些研究表明辐解效应会影响所期望的银碘化学键作用力,但人们对反应堆地坑中银对碘的捕集效果还是有争议[61]。最近的研究还提出应注意气溶胶形式的碘氧化物的产生[60]。

影响安全壳中气态碘的产生和释放的因素很多。这些因素包括反应堆类型、碘由反应堆冷却剂系统[62]释放到安全壳的时间和形态、地坑(压水堆和加压重水堆)或者抑压池(沸水堆)中的辐射和热化学,以及表面涂料的表面反应。涂料和气相(安全壳空气)反应可能显著改变碘浓度水平及其类型。

排放开启的时机决定了碘负荷的数量及其种类。因此,受上述因素的影响,安全壳过滤排放系统的碘负荷可能小至几克或者高至 1 kg。这包含了气溶胶形式的碘和气态碘。

7.2.6　无人值守的安全壳过滤排放系统自主运行时间

一旦安全壳过滤排放系统运行开启,人们普遍希望其能够非能动运行,不需要操作员介入,维持一段时间的安全壳过滤排放功能。例如,水洗涤器不需补水,不需固体过滤冷却或者安装室(过滤室)冷却。这个阶段称为"自给自足时间",由安全监管部门定义为"24 小时"。因为自给自足时间原则上界定了进入安全壳过滤排放系统的全部能量负载,所以安全壳过滤排放系统的热吸收能力应当与之相对应。将来,如果技术和经济上可行,安全壳过滤排放系统的自给自足时间可能会更长。

7.2.7　氢负载

如果没有被复合剂或者点火剂消耗完,氢将流入安全壳过滤排放系统的入口管和安全壳过滤排放系统过滤器,并由其流入出口管。在安全壳过滤排放系统(包括它的管道)中氢爆燃的可能性取决于排放流中氢气和空气的多少及安全壳过滤排放系统中留存的空气量等。

在启动过程中,系统中没有预热的部分可能会出现大量的蒸汽凝结,可能会增加氢和空气含量,从而增大气体空间中爆燃的危险。在一些电站中,因为没有安装独立的排放管道,安全壳过滤排放系统的气流会与来自常规核电建筑排放系统的废气流混合,这样的配置可能会使氢爆燃的风险加剧。

考虑极端的情景,即使是氢火焰从安全壳传播到排放系统的风险也不能排除。调查研究显示,在大气环境中,氢浓度大于 4% 就可能会燃烧。氢燃烧所需的能量并不是很高,根据福岛核事故的经验,氢燃烧并不一定需要火源。在系统中,降低起火风险的第一个措施是避免或者减少起火源,如避免达到自燃温度。

因此,我们需要明确的是,在下列情况下最大允许氢浓度是多少:① 安全壳过滤排放系统没有预热或者开始时没有发挥作用;② 安全壳过滤排放系统开始时发挥作用;③ 在一些电站配置中,电站废气流与来自安全壳过滤排放系统的气流混合。此外,根据结合安全壳过滤排放系统模型和电站氢气管理措施的电站具体分析应当能够评估出所有安全壳过滤排放系统部件的氢风险水平,包括参考事故场景下管道的氢风险。如果安全壳过滤排放系统的尾气管连接其他空气排放系统的管道,还应当做相应的具体分析来评估氢风险。

一氧化碳同样不可忽视,因为在同等条件下它也可能会燃烧。在安全壳过滤排放系统中的一氧化碳燃烧对机械稳定性、内置功能和过滤管道的影响,需要进行严谨的评估。

在设计压力极限时,必须考虑氢爆燃和燃烧所产生的负载,以保持安全壳过滤排放系统的机械完整性,并将这作为一种保护性的措施。如果考虑来自安全壳的火焰传播,则可通过引进一些特别措施减小氢负载以有效地降低或者阻止燃烧蔓延,如采用液压池(液封)或填料过滤器(砂床、陶瓷填料床过滤器)或特殊设计的火焰消除器,在系统内进行燃烧淬火和止燃。

推荐在未来的安全壳过滤排放系统中使用一个完全独立的尾气管,作为进一步的保护手段。

从长远或者带有并发事故的管理措施(如喷淋或溢流等)来看,多个或者单一长期排放操作可能导致安全壳内出现负压。安全壳过滤排放系统或者额外的特殊系统应消除安全壳内出现负压的情形,此外,还应评估通过安全壳过滤排放系统组件进入安全壳的空气造成的氢燃烧风险。

7.2.8 对电站工作者的放射防护

大多数安全监管部门都规定了在事故条件下电厂工作人员允许的最大辐射剂量。在入口管处的潜在放射性物质残留、安全壳过滤排放系统过滤器处的放射性物质残留和排放管处的放射性物质堆积决定了安全壳过滤排放系统的辐射源。考虑高温水和空隙(气泡)的吸收减少,可以正确估计洗涤器中由于水而产生的预期的衰减热会减少。一般情况下,放射性物质吸收装置在远程被保护的位置,放射性物质被过滤器周围的混凝土装置吸收,也可设计特殊的过滤室进行主动屏蔽。

应该尽量在安全壳中安装预过滤器或者过滤器,其可以过滤大部分放射性物质。在设计中,应当考虑过滤器的热负载和气溶胶负载能力。

7.2.9 公众的放射防护

即使"完美的"安全壳过滤排放系统不会造成任何的环境污染和长期的健康影响,公众也必须防范惰性气体释放带来的危害,不过这能够通过相对简单的事故管理方法解决。为了不超过允许的公众辐射值,依据安全壳过滤排放系统过滤气溶胶和碘的性能来决定应急准备的程度(疏散、分发碘化钾药片、屏蔽等)。

7.2.10 多个反应堆的安全壳过滤排放系统

出于经济原因,以前的事故模拟假设只有一个反应堆遭受严重事故,但事实上一个安全壳过滤排放系统不止服务一个反应堆机组。最近,福岛核事故让人们对这种方式提出质疑,将来,安全壳过滤排放系统的设计将考虑多个机组同时发生严重事故的可能性。

7.2.11 进一步设计方面

安全壳过滤排放系统的设计应当考虑以下的建议。

1）一般性考虑

（1）开启排放后，应当结束安全壳持续增压的现象并在下列参考条件下以最大许可速率启动降压：安全壳压力、安全壳内的（产生的最大过热）气体温度及排放流气体密度。

（2）在开启安全壳排放之后，考虑蒸汽和不凝结气体产生的速率，在目标压力达到之后，安全壳过滤排放系统应当能够提供合理的快速降压速率和降压持续时间。

（3）凝结水的积累和气溶胶的聚集不应当引起进口管和出口管的堵塞或者影响降压的效率。

（4）应当量化重启排放（多次排放）对液滴进入深层金属纤维过滤器的影响。

（5）应考虑安全壳过滤排放系统部件的振动频率和幅度及由蒸汽的强烈凝结（例如冷水池中的直接接触凝结、进出口管道中的凝结（水锤效应），而引起的压力脉动对部件固定的潜在影响）。

（6）同样地，应在安全壳设计和固定中考虑，在排放开启时由于安全壳与包括管道在内的安全壳过滤排放系统部件之间的大压力梯度而产生的突然和非常大的流速所产生的动态载荷。

（7）在安全壳中，空气中可能存在流动的大尺寸的核爆炸碎片，如绝缘材料，应当避免其进入安全壳过滤排放系统进口管，消除安全壳过滤排放系统管道和相关部件发生堵塞并降低滤材的性能的风险。

（8）应当验证过滤器对大型电站机组过滤性能（按比例外推）的典型性/适用性。

（9）应当提供在电站特定的安全壳过滤排放系统运行的情况下，各过滤阶段的过滤和留存过程的认定效率的技术依据。

（10）试验及适用的分析模型结果应当证实安全壳过滤排放系统运行的具体边界条件，从技术或者固有的物理/化学限制上确定运行的安全范围。

2）湿式金属纤维过滤器应考虑的方面

（1）安全壳过滤排放系统容器的湿式洗涤器部分的容积应能保证：

① 在不产生淹没液滴分离器/深床气溶胶过滤器的危险的情况下，通过冷凝使水位以最大幅度增加；

② 由假设 100% 不凝结气体组成的排气的流速产生的最大膨胀水平，不会导致水进入液滴分离器/深床气溶胶过滤器；

③ 大量的过滤气溶胶最终沉降在容器底部，以消除喷洒器单元被沉降的气溶胶掩埋的可能性；

④ 由于不可冷凝气体在总排气流量中所占比例较大而导致的持续膨胀水平，或由从非沸腾状态快速过渡到沸腾状态而产生的突然膨胀（间歇泉效应），不应导致下游的液滴分离器和其他部件被水淹没。

（2）湿式洗涤器内的水动力条件不应使过多的液滴生成和被输送，否则会使液滴分离器过载,超出其容量。

(3) 液滴分离器和/或深床过滤器不应被气溶胶堵塞,或不应造成过度压降,危及安全壳减压;

(4) 水池下游所有部件的快速和实质性压降不得超过排水管出口处的静态水头,否则可能会使位于下游侧的液滴分离器和其他部件被污染水淹没。

(5) 应证明单个长时间排气循环或多个排气循环的自给自足时间的完成情况。

(6) 应考虑初始 pH 值对进入的酸性烟气(盐酸、氧化亚氮和二氧化碳)及其演变的敏感性。

(7) 应考虑还原剂浓度随温度、剂量和 pH 值变化的降低情况和降低时间。

(8) 对于不同的操作条件,应考虑稳定的气溶胶、碘和钌的过滤和保留效率。

还应考虑上述项目对其他条件的敏感性。这些条件包括:

① 由于某些高能反应(氢气燃烧、燃料-冷却剂相互作用、堆芯-混凝土相互作用导致气体突然产生,地坑或湿阱水闪蒸导致蒸汽突然且大量产生等),在通风过程中安全壳压力突然升高;

② 可能强烈改变体积流量的排气密度或排气成分;

③ 过滤器性能应满足公用设施/监管要求的条件(如最低和最高的排气流速、最高水温、最低水位、最高气溶胶/碘负荷、最小粒径、最大累积剂量、最低 pH 值、最低化学添加剂(如使用)浓度)。

3) 深床金属纤维过滤器应考虑的方面

(1) 在不同的运行条件(流速、蒸汽凝结/湿度、微粒尺寸和浓度)下稳定的气溶胶留存效率。

(2) 就以下的堵塞机制,应留有一定裕度,防止过滤器堵塞:

① 不溶性气溶胶及可溶和不可溶气溶胶的混合物在表面大量累积,发生堵塞;

② 在第一个过滤层表面,形成气溶胶块;

③ 在特定的某一层,由于局部气溶胶聚集发生堵塞;

④ 整体气溶胶负载能力。

(3) 考虑有不利影响的气溶胶的特点:

① 吸湿气溶胶(增大堵塞的可能性);

② 相同尺寸/类型的大的气溶胶碎片(堵塞某一特定过滤层);

③ 气溶胶的低熔点(例如,气溶胶层的背衬可能是由于衰变热在层内产生内部热量而产生的,并且会导致堵塞概率高的非多孔过滤层)[17]。

---

[17] 由于没有冷却排气气流,在减压循环之间的热备用阶段,过滤器温度可能特别高。

（4）衰变热耗散：

① 描述相关的衰变热水平和耗散；

② 非能动排热（若有）的有效性，取决于捕获的气溶胶和滤床中沉积物的不均匀堆积，以及边界条件（过滤室/安全壳中的大气温度）引起的热负荷。

（5）避免沉积气溶胶再次悬浮，尤其在长期运行阶段和运行状态下的多排放循环阶段：

① 可溶气溶胶被液滴溶解，并且熔化，由于液滴运动而被进一步输送；

② 在非能动移除热组件时，必须研究产生冷凝物的风险。

（6）对以下不良现象，避免出现局部温度峰值（例如，由于不均匀的气溶胶沉积而导致的纤维床热点）：

① 氢气自燃；

② 气溶胶熔化；

③ 影响金属过滤器和机械完整性（例如，纤维的几何形状和填充密度的损失，以及对合成过滤效率和金属纤维床层压降特性的影响）。

最后，以上描述的运行状况的敏感性应就由于某些激烈反应（氢燃烧、堆芯与混凝土相互作用导致气体突然生成、泵或者湿阱水闪蒸导致突然产生大量的蒸汽等）导致安全壳内的压力突然增大的情形进行试验，进而改变排放气流密度或者排放成分，这都可以极大地改变体积流量。

4）深砂床过滤器应当考虑的方面

带有金属纤维预过滤器的深砂床过滤器已经被法国的核电站使用。这种安全壳过滤排放系统类型并不是商业上可用的。然而，为了提供对所有现存系统的完整全面的分析，本报告介绍了该安全壳过滤排放系统的部分内容，可能并不完整，在法国的核电站中，在过滤器的集成阶段，已考虑以下方面。

（1）对深床金属纤维过滤器的一些建议以及类似的考虑。

（2）蒸汽凝结的影响，在砂床中，如果热气体加压不可用或者没有效果，则会导致：①发生堵塞；②气溶胶和气态碘/钌过滤和留存在滤床中。

（3）如果压力过大，则应确保过滤气体可以绕过金属预过滤器。

类似于其他排放过滤的概念，过滤性能的敏感性特别是当预过滤器被绕过时，应该在类似的可能达到设计极限的边界条件下进行验证。

5）安全壳过滤排放系统使用吸收介质留存碘应当考虑的方面

（1）冷凝减少或阻碍有机碘吸收。

（2）在吸收过程中，蒸汽/水分被分子筛吸收，阻碍了反应堆放热（逆热迁移）。

（3）由上游管道中的节流装置单独进行气体膨胀或与气体加热相结合进行气体膨胀，以达到足够的过热，排除整个吸附床中蒸汽凝结的可能性。

（4）来自放射性碘和惰性气体（氙）的局部 β 辐射对分子筛吸附介质的潜在降解/破坏

(无定形)以及碘物种的潜在再活化的影响。

（5）潜在毒物的影响,如酸、有机气体。

（6）凝结堵塞毛孔的影响和因此导致的吸附能力的下降。

（7）氢可能阻碍碘吸收/化学反应的效果。

6）安全壳过滤排放系统留存气态钌应考虑的方面

来自裂变产物释放试验(AECL 执行的 Candu 燃料释放计划,CEA 执行的 PWR 燃料释放计划 VERCORS 和 VERDON)的结果突出反映了燃料中钌的大量释放,蒸汽或者空气会引起燃料氧化,形成不稳定的钌氧化物,尤其是在低温条件下形成 RuO_4。目前正在研究在反应堆冷却剂系统和安全壳中气态钌的损耗和可能的再次挥发。一些组织机构认为气态钌过滤同样重要,因为它的两个同位素[103]Ru 和[106]Ru 有剧毒,而其他一些组织则不这么认为。对于认为钌的释放很重要的组织,尽管附录 A 到附录 D 中描述的现存过滤器没有提及其过滤钌的能力,但我们依然列出以下注意事项。洗涤器的过滤过程可能不同于配备了吸附单元的干式金属纤维过滤器或者额外配备了吸附单元的洗涤器。

对于湿式洗涤器,如果过滤是基于池洗涤的留存并还原四氧化钌,则应考虑:

（1）还原剂浓度随着温度、剂量和 pH 值变化的降低水平和降低时间;

（2）在过滤阶段,运行参数对过滤的影响(水位、流动速率等);

（3）对气溶胶/液滴来说,在表层或者滤材上,大量沉积物的潜在热量释放;

（4）四氧化钌从水池再次悬浮/挥发。

应当证明湿式洗涤器中类似的已被介绍的运行条件的敏感性。

如果安全壳过滤排放系统配备额外的吸附单元或者使用现成的系统留存气态碘,我们建议考虑上面介绍的因素。

7）安全壳过滤排放系统使用特别的媒介留存惰性气体应当考虑的方面

目前还没有任何一种工艺或过滤介质可在安全壳过滤排放系统中应用。不过在研究活动中可能会研发一个合适的。我们列出了当这样的工艺或者滤材用到安全壳过滤排放系统中以后,一些重要的注意事项:

（1）在不同的运行条件(流动速率、蒸汽凝结/湿度、累积剂量等)下,稳定的过滤和留存效率;

（2）在多个排放循环中的留存效率;

（3）潜在有毒物质、酸和有机气体对过滤性能的影响;

（4）滤材对氢/一氧化碳爆燃的鲁棒性;

（5）根据内部产生的衰变热和活性水平,对含滤材管道进行长期管理。

应关注过滤和留存性能在下列情况下的敏感性:由于发生某一激烈反应(氢燃烧、堆芯与混凝土相互作用导致气体突然生成、泵或者湿阱水闪蒸导致突然产生大量的蒸汽等)导致的动态情况;排放气体密度或者成分发生改变(这可能会极大地改变体积流量)。

7.3 安全壳过滤排放系统规范的推荐

推荐安全壳过滤排放系统的理由和过滤留存性能的表现可能随着国家/管理部门的不同而不同。一般的台架性能要求解决 7.2.11 小节中提出的许多不同问题,即第 6 章"不同安全壳过滤排放技术详述"中介绍的现有安全壳过滤排放系统的三个主要类别中的每个类别的热工水力行为、气溶胶过滤和保留性能和气态碘过滤和保留性能。

这个台架性能研究可以为已经存在的或者即将产生的试验现象提供证据,以证实安全壳过滤排放系统的相关性能。进一步来说,应使用已建立和评估的方法证明安全壳过滤排放系统的其他性能,这些性能结果无法由试验产生,如安全壳降压特性。在相关安全壳过滤排放系统的性能予以说明的条件下,壳体工况代表了预期的严重事故工况,如安全壳压力、温度、气体成分、最初的排放流量等。

基于这些任务,相关人员进行了广泛的国家和国际产品调研,研究不同系统留存技术的效率,包括已被应用和将被应用的单留存阶段技术,如洗涤器(文丘里洗涤器及其他)、固体过滤器(用金属纤维的深床过滤器或者砂床等)、带或不带冷却装置的专门的碘捕获器等。

1)国际先进安全壳试验方案

据推测,迄今为止对排放系统进行的最广泛的国际试验计划是在 1989—1990 年进行的先进安全壳试验阶段 A[52,53]。

来自 15 个以上国家的公司、机构和协会完成了这个试验计划。美国电力研究协会进行了大气试验。试验计划包含了几种分散混合气溶胶、碘化氢(HI)、微小气溶胶(DOP)和预负载过滤器中气体的再次挥发试验。

在这个独立的第三方试验中,得到了一些重要的发现:

(1)金属过滤器和特定砂床深床过滤器有非常好的留存效果;

(2)在某一过滤层,不均匀负载引起阻塞/瞬态压差增大;

(3)没有微小气溶胶过滤阶段的洗涤器会使熔化气溶胶再次悬浮;

(4)在金属纤维过滤器中,细小气溶胶比大的混合气溶胶有更大的渗透性。

2)一般性验证的建议

总的来说,对安全壳过滤排放系统的运行起到重要作用的所有相关要求设计特点见第 6 章和第 7 章,尤其是 7.1 节,应使用代表性工艺流程和代表性操作条件进行验证。

试验数据基于以下条件获得:①最好是一个全尺寸试验装置,或者是②安全壳过滤排放系统的一个适当缩小模型,或者③如果由于工艺/现象的性质而不可能缩小这些组件,特别是需要考虑辐射水平和持续时间下的化学现象,此时必须考虑辐射对化学过程的影响。

根据在不同的试验项目中收集的数据,总的来说推荐以下具体的试验,如:

(1)大型混合气溶胶情况(对于早期排放情形):堆芯熔化气溶胶混合物(包括铯、碘等）；

（2）穿透性的细气溶胶：模拟晚期排放情况和下游湿阱；

（3）使用酞酸二辛酯或邻苯二甲酸二辛酯的工业标准过滤试验；

（4）再悬浮/再夹带试验：模拟长期操作对可溶性和不溶性气溶胶的影响，理想情况下在各自的最低和最高温度及最大先前存在的气溶胶负荷下进行模拟；

（5）高气溶胶负载/堵塞试验模拟，在干燥和潮湿的条件下及部分流动条件下；

（6）在保守的运行条件下，滤材和台架的运行情况和敏感性，如强辐射条件、极端温度、干/湿高峰、过载情形（如两倍于安全壳的过滤压力）等；

（7）在一般的压力温度运行条件下，截留和储存能力，如大气压力、超压或者滑压运行。

考虑流量变化、启动条件和相关设计细节等（如热损失和传热台架），验证相关工艺操作条件，并确定留存部分。如果留存方法要求过热的气体流动，则应确定相关值。

7.4   总结

安全壳过滤排放系统没有通用的设计规范。每个安装台架的设计规范由其边界负载条件（裂变产物、不活跃的气溶胶、热负荷和氢气）及安全局规定的安全壳过滤排放系统所需的性能来确定。在 20 世纪 80 年代，安全局定义了两个水平的去污因子：气溶胶为 1000，元素碘为 100。法国要求对元素碘的去污因子为 10。

三级概率安全分析一般没有在概率安全分析的背景下阐述安全壳过滤排放系统的有效性：① 履行环境保护的相关要求；② 避免对公众健康造成影响；③ 指导应急方案。但福岛核事故后，相关分析应该基于确定性还是概率性，这也是人们关注的焦点。

第8章
安全壳过滤排放系统的源项评估

本章提供一些源项评估的例子,这些例子取自一些国家将安全壳过滤排放系统作为严重事故管理方法的实际应用。这些评估要么是为了支持安全壳过滤排放系统设计要求的定义,尤其是对气溶胶和气态碘的预期过滤效率,要么评估在严重事故场景中使用安全壳过滤排放系统后的放射性结果。在某些情况下,放射性后果评估被用于核查安全壳过滤排放系统是否符合放射性释放的限制要求,即达到允许的为现场和场外人员提供有效和可管理的保护措施的水平,并降低土地污染的程度。

本章中提供的源项评估的例子仅限于已经对安全壳过滤排放系统的性能做了专门的评估,并且提供了详细信息的国家。这些源项评估通常涉及"保守"事故序列的严重事故一体化代码(如 ASTEC、Melcor、MAAP 等)计算,在"安全壳内源项"(安全壳内热工水力和悬浮放射性物种浓度条件)和过滤能力与效率方面提供了最具挑战性的条件。一般来说,它们是二级概率安全分析的一部分,这在一些国家是强制性的,这里不做详细讨论。

本文也分析了在法国和美国使用安全壳过滤排放系统所带来的经济影响。

8.1　安全壳过滤排放系统源项评估的一般考虑因素

在进行与使用安全壳过滤排放系统有关的源项评估时,通常将过滤排放的放射性物质与事故发生后几小时或者几天内从破损的安全壳中释放出来的物质进行比较,具体取决于排放时间。换句话说,就是可控的过滤释放影响与不可控的放射性物质释放影响相比较。对于早期排放,反应堆堆芯内降解燃料释放的放射性物质是主要因素;对于后期排放,还必须考虑来自反应堆冷却剂系统、安全壳壁面和水池的再悬浮过程的影响,以及有水或无水情况下熔体、混凝土相互作用时释放出来的放射性物质。在不确定的位置打开安全壳将会导致不可控的释放和不确定的泄漏。

在严重事故中,在不可预见的安全壳泄漏或者安全壳底座融穿的情形下,安全壳过滤排放系统能够减缓放射性物质的泄漏。此外,安全壳过滤排放系统还可以防止因水冷却堆芯而导致的安全壳内的压力上升。在比较源项评估时应考虑这一点。

主动排放应防止因缓慢增压而导致的安全壳失效,如果需要,允许安全壳内的气体进行可控释放甚至停止释放。

对来自安全壳的放射性产物,进行可限制性和可延迟性的释放能够使得放射性进一步衰减,进而降低安全壳气体中悬浮物的放射性。

目前的安全壳过滤排放系统设计不能留存惰性气体。根据过滤器的设计、考虑的事故后果及气溶胶的类型,气溶胶最初被去污因子超过 10 或者 100 甚至更高的过滤器留存。通过留存衰变周期很长的放射性同位素,尤其是铯的同位素,可大大降低环境长期污染的程度。依据设计,现在的安全壳过滤排放系统也能够留存气化碘和一定量的有机碘,从而进一步降低放射性碘同位素对人和环境的短期放射性影响。

只要能够适当评估排放的放射性后果,过滤排放能力就能在事故期间实现优化的排放战略。在这方面,用于源项评估的最佳估算验证工具、对选定的边界事故情景进行可靠的源项评估的方案,以及安全壳和排放管道中的具有严重事故功能的仪器,将是指导事故管理优化排放战略的重要工具。

8.2 源项评估的安全壳源项和过滤器负载评估

第 7 章中提到,流入通风管过滤器的物质数量和性质在很大程度上取决于以下因素:

(1) 反应堆类型、功率以及需要考虑的反应堆数量(当排放管道连接两个或两个以上反应堆时)。这些参数决定了悬浮在安全壳内空气中的放射性物质数量,这些放射性物质可能在过滤器排放时聚集(气溶胶质量范围在 10～100 kg 之间,不同大小和成分的气溶胶和气态碘碎片通常是经过过滤器的)。

(2) 安全壳大小、设计压力及排放运行压力都是排放持续时间长短的决定性因素:

① 一般认为,大型的安全壳排放(压水堆和加压重水反应堆)用于保持安全壳压力低于设计压力值,并减缓压力积聚,尽量延长排放时间(通常在事故发生后一天以上)。这一延迟导致安全壳内悬浮的放射性物质浓度显著减小。在一些源项敏感性研究中,尤其当安全壳过滤排放系统被动开启时,加压反应堆压力容器失效故障或者安全壳中的剧烈反应可能会导致排放更早开启。

② 对于沸水堆,由于其尺寸较小,短期压力迅速上升并在一些情况下氢气发生聚集,因此比起压水堆,需要更早地进行排放。根据排放速率、持续时间以及由于湿阱排放池洗涤时的留存,较早的排放可能导致过滤器中有较多的衰变热,相比于压水堆,还可能有更多的物质产生。然而,一些源项研究认为,带有大型抑压池或者淹没反应堆腔坑的沸水堆可以高效凝结蒸汽并降低安全壳压力。在这些情况下,与压水堆相比,排放可能会延迟一天以上。

③ 对于后期或者长期排放,必须考虑由于反应堆冷却剂系统、墙面和水池中物质的再悬浮和再挥发过程而产生的悬浮放射性物质(尤其是由于一些剧烈反应),以及堆芯熔融物与混凝土相互作用产生的物质释放,相关调查和研究正在进行。

（3）考虑的事故场景包括对用于堆芯和安全壳冷却的安全系统的可用性或恢复度的假设，以及所采取的严重事故管理措施，这将极大地影响排放时间和排放时悬浮在安全壳中的放射性物质数量。边界条件通常假设安全冷却系统长期失效；在源项研究中，电站长时间停电是应考虑的典型情形。在源项评估中，相同的反应堆通常考虑不同的边界情形，产生不同的反应堆内的源项和排放时间（如压力容器破裂时间，氢气燃烧、安全壳直接加热和燃料与冷却剂相互作用等剧烈反应导致的压力峰值）。

（4）燃料降解情形通常选择以燃料完整的放射性释放（完全的堆芯熔化和最终的堆芯与混凝土相互作用）为界限。考虑到氧势以及堆芯中的控制棒和反应堆冷却剂对裂变产物的相关影响，可以对过滤物质的性质——气溶胶的大小和成分进行详细评估（在法国最新的评估中，除了碘之外的所有元素以及氧化钌被认为仅以气溶胶的形式存在；假定碘部分以气态形式存在，如分子碘、有机碘化物，以及在法国的最新评估中所提到的，安全壳大气辐解过程产生的碘粒子）。大多数被执行的源项评估考虑气溶胶、分子碘和有机碘的过滤。

（5）安全壳内的过程，如：

① 沸水堆池的洗涤效果。对于沸水堆，湿阱排放要优先于干阱排放，以使气体通过洗涤池。干阱排放仅被作为湿阱排放不可用时的一项最终手段。沸水堆的源项评估通常考虑池洗涤对有害物质的大量留存。在严重事故规范中，通过不同验证等级的模型，来评估池洗涤留存。它们对池内流体动力学有一定程度的详细论述，但一般不详细论述化学效应。

② 法国压水堆金属预过滤器的预过滤（减少砂床过滤器处理的材料量）。

③ 碘与涂膜剂反应，以测定有机碘含量。形成过程取决于安全壳中使用的涂膜剂类型。

④ 安全壳大气中的碘辐射反应决定了悬浮物中碘氧化物颗粒的浓度。

总而言之，即使对于一个给定的反应堆类型，也可能需要考虑各种事故场景、过程和假设，来评估安全壳内源项和过滤器负载。这两者都是环境源项评估的输入。比如，对于压水堆和沸水堆，排放时间（在容器破裂后的几小时或一天以上）有很强的可变性，这导致了安全壳内源项的剧烈变化。一些国家（瑞典和比利时）假定安全壳早期排放，并进行了敏感性分析研究。因此，定义源项评估的相关边界事故场景（安全壳内热工水力学和源项、排放时间和持续时间）至关重要。

此外，各国对过滤材料性质的考虑各不相同。比如，一些国家迄今进行的评估主要集中在减小气溶胶释放的全球性影响，以减小环境的长期污染（减少铯的同位素释放）。其他国家还关注减少气态碘释放，以期采取恰当的手段来保护民众，在短期内降低对民众和环境的放射性影响。

在安全壳内源项中，碘和钌的具体方案仍在制定（经合组织 STEM、BIP2 和 THAI2 方案），用于评估反应堆堆芯中燃料降解和堆芯熔化事故中反应堆冷却剂系统输运所产生的源项评估的知识基础相当宽泛。

评估因反应堆冷却剂系统(RCS)、安全壳壁和水池的再悬浮和再挥发过程以及堆芯熔融物与混凝土相互作用的释放而导致的安全壳源项延迟的知识基础并不宽泛,值得深入研究。应检查反应堆冷却剂系统和安全壳壁内的再悬浮和再挥发过程(涉及碘和钌的物质),这也是经合组织 STEM、MIRE 和 PASSAM 计划的一部分。

通过安全壳中的池洗涤或安全壳过滤排放系统洗涤来评估留存性的知识基础也相当广泛。但如果能够更彻底地评估随事故进展而演变的池内流体动力学、放射性和化学条件的影响,这一知识基础便能更完善。严重事故规范中的池洗涤模型在被用于源项评估时还应进一步验证,尤其是严重事故情况下碘的过滤效率。这个问题将被作为 MIRE 和 PASSAM 项目计划中的一部分加以审查。

8.3　安全壳过滤排放系统假定的去污因子

安全壳过滤排放系统的物质排放主要依据安全壳过滤排放系统的设计和性能。如前所述,核电站目前采用了三种在设计上有很大差异的系统:水洗涤器结合液滴分离器和细化溶胶过滤器、配有分子筛的金属纤维过滤器以及配有金属预过滤器的砂床过滤器。

在现存的过滤台架中,未考虑对惰性气体的过滤。目前正在进行一些相关讨论,以评估现场捕获惰性气体的好处,避免事故期间现场干预剂量过高,并促进事故管理。这种过滤技术的可行性、优点和缺点需要进一步评估。

在源项评估中,安全壳过滤排放系统的气溶胶去污因子通常被认为是较高的,大多数国家要求的是 1000(最佳估算值或所需的值)。那些去污因子针对了除了气态物质外的所有放射性同位素(一般来说是碘,对法国的某些堆型来说是氧化钌)。

在一些美国的源项评估中,Mark Ⅰ型沸水堆的湿阱排放考虑用更低的去污因子(DF = 10),因为假定抑压池洗涤留存了安全壳中大多数的气溶胶,除了那些不能有效地被过滤器留存的气溶胶类型(如亚微米级微粒)。

分子碘去污因子假定为 10~100。通常认为文丘里洗涤系统的去污因子为 100,其他种类的过滤系统的去污因子通常假定为 10。

有机碘去污因子比分子碘的去污因子更低;对于一些商业系统,去污因子在 2.5~10 之间。通常认为有机碘不能为其他的过滤系统留存。保守来看,普遍认为现存的源项评估中,有机碘不能被安全壳过滤排放系统过滤掉。

在最近大多数的法国源项评估之中,考虑的碘氧化物气溶胶的微粒尺寸是 0.1 μm(基于初步的试验观察)。结合从法国的安全壳过滤排放系统的金属预过滤器和砂床过滤器中得到的效率特征曲线可知,在法国最近大多数的源项评估中,这些微粒的去污因子的假定值是 500。作为正在进行的研究计划中的一部分,对碘氧化物微粒进行特性研究,以便对这些颗粒的去污因子值提供更精确的评估,因为它们可能在某些事故情形中主导安全壳内的碘源项。

在最近由 IRSN 进行的法国源项评估中,认定气态钌(如 RuO_4)对氧化条件下的源项及长期和短期的放射性后果有重要影响。如第 7 章所述,裂变产物释放试验的结果表明,在蒸汽或空气导致燃料氧化的条件下,燃料中的钌会大量释放。目前仍在研究调查气态钌在反应堆冷却剂系统和安全壳中的消耗和潜在的再挥发行为。

评估安全壳过滤排放系统留存能力的知识基础必须加以完善,并考虑严重事故条件下的累积效应和长期运行时放射性物质的全球性留存。并且,安全壳过滤排放系统对气化裂变产物的过滤能力,尤其是对有机碘的过滤能力必须加强。这些都要作为正在进行的计划项目 MIRE 和 PASSAM 中的一部分进行研究。这些计划也考虑对系统试验进行创新,提出新的技术性的解决方法来增大对气溶胶和气体物质的过滤效率,进一步减少严重事故中的放射性物质释放。另外,还需要解决可能的物质释放和四氧化钌的过滤问题。

8.4 源项评估执行案例

8.4.1 比利时

安全壳过滤排放系统对气溶胶、分子碘和有机碘的去污因子的最低要求基于一个支持性的源项评估,该评估考虑到:

(1) 在全球性的严重事故对策中,安全壳过滤排放系统的综合性能(考虑与其他严重事故缓解系统的相互作用,如在反应堆腔坑中注入液体和安全壳喷淋的替代方法)。

(2) 在安全壳增压速率和裂变产物释放方面,定义代表性的和边界严重事故情形。这些情形有:

① 考虑电站失去所有的内部和外部电源,导致台架停转;

② 考虑蒸汽发生器辅助给水系统不可用,包括涡轮增压泵;

③ 将导致严重事故的概率代表序列与高安全壳压力相结合;

④ 考虑与专用的事故缓解系统相互作用,这些措施将加强预防和缓解严重事故的策略方案(如在反应堆腔坑中注入液体和安全壳喷淋的替代方法);

⑤ 考虑干腔或湿腔中堆芯转移的情况,即排放气体主要为不凝结气体或蒸汽。

(3) 使用 MELCOR 1.8.6 模拟计算这些严重事故场景。

(4) 利用 ASTEC 和 CPA 程序估算安全壳中碘的种类和释放到安全壳过滤排放系统中的碘的质量。

(5) 针对一系列去污因子,评估在规定场景中使用安全壳过滤排放系统产生的放射性后果(即总有效剂量和地面甲状腺剂量)。

不能够被过滤的惰性气体产生不能减少的基础剂量值。估算的剂量使去污因子值增大。最低的去污因子要求设定了去污因子的值,就更高的去污因子值的剂量限值来说,相关的益处变少了。根据这个方法,设定的最小去污因子如下。

① 气溶胶去污因子:1000。

② 分子碘去污因子:100。

③ 有机碘去污因子:10。

根据要求,在安全壳过滤排放系统的整个压力范围和整个排放周期,这些去污因子应得到保证。安全壳过滤排放系统设计应确保裂变产物永久保留在过滤器中,并长时间地疏散衰变热。

8.4.2 法国

自1979年三哩岛堆芯熔化事故发生以来,法国做了许多评估和各种各样的研究,以便更好地了解压水堆发生严重事故所产生的放射性后果。同时考虑了地下液体和气体的放射性泄漏。因为这种形式的泄漏会影响事故的后果,一些部门已经做了相关努力,来量化通过过滤器或者不可控制的安全壳泄漏释放到环境中的放射性物质和形成的化学物质。

在法国,公共安全部门有责任建立与台架相关的源项。核安全研究委员会为法国安全机构提供技术支持,为这些源项评估提供了必要的技术基础。

对法国反应堆严重事故的评估定义了三个源项,代表核心完全熔毁的三个事故类别:

(1) S1对应的是安全壳早期破损导致大量物质释放的事故;

(2) S2对应的是在事故发生一天后就有大量非过滤的物质释放的事故;

(3) S3对应的是后期的过滤释放事故(24 h后)。

从历史上来说,源项评估首先涉及S1、S2和S3所代表的情形,这些场景和初步结果是在20世纪70年代末适应法国反应堆后使用美国评估报告(主要来自Wash 1400报告)建立的。

20世纪80年代初,制定了厂内和厂外的应急预案。对于法国的压水堆核电站,应当能够疏散电站5 km范围内的人并且能够将疏散范围提升到10 km。这些保护措施必须在放射性物质释放以前实施。

通过比较这些应急措施的后果和假设性的释放后果,可知S3源项大致符合正确的厂外应急计划配套台架的要求。因此,所有导致更高排放量的事故都应切实消除。

IRSN使用ASTEC程序,用最佳的估算方法评估事故序列产生的放射性释放。敏感性分析有助于评估相关的不确定性。获得的结果用于更新由Wash 1400报告得出的初始参考源项。此外,概率安全分析2级分析的发展导致了大量场景的源项计算。

在持续不断的源项再评估中,为了取得突出的进展,应该考虑以下几个关键时间点。

(1) 20世纪70年代:S3源项的首次评估,提供了厂外应急方案的技术基础。

(2) 1990年:S3源项的更新,考虑U5程序的应用。

（3）2000 年：IRSN 对 S3 源项进行了详细的再评估；IRSN 对 900 MWe 压水堆做了概率安全分析 2 级分析，包括源项计算，其技术基础与以前的评估类似（包括新研发的知识），但适用于大量场景。

（4）2010 年：IRSN 对 1300 MWe 的反应堆做了概率安全分析 2 级分析，包括使用最新技术基础（包括新的研发知识）的源项评估。

在 2000 年，由 IRSN 主导的研究的主要目的是，对法国 900 MWe 和 1300 MWe 的压水堆评估一个"合理的"保守的 S3 源项。选择的事故情形是安全壳系统完全失效的大破口失水事故（安全注入和安全壳排热系统）及后期安全壳超压和底座渗穿破损事故。

在压力容器内的堆芯降解过程中裂变产物释放的模型、熔化堆芯与混凝土相互作用的模型、反应堆冷却剂系统和安全壳中碘行为特性的模型以及相关的化学物质，都考虑了可用的额外研发知识。

2000 年 IRSN 的评估区分了碘的类型（微粒、有机气态或者无机气态），更精确地评估了气溶胶的释放量。在重新评估过程中，这些释放量明显较低，主要是因为安全壳内的留存模型。

如表 8-1 所示：

（1）在安全壳中，由于更新的气溶胶堆积模型和安全壳过滤排放系统的过滤效率，气溶胶的释放量显著降低；

（2）在 2000 年的评估中，有机碘的释放量大幅降低。这一贡献是由于有机碘与反应堆内涂料的相互作用；

（3）对 1300 MWe 系列的反应堆，气态碘的比例更大；这是因为反应堆的控制棒中银含量较低；在反应堆池中，碘较少被银捕获（假设安全壳排热系统失效，在考虑的情形中，水池内是酸性的）。

表 8-1　2000 年 IRSN 用于 S3 源项评估的结果示例

裂变产物	代表性的同位素	释放到环境中的初始堆芯活性物质的分数		
		900 MWe 压水堆		1300 MWe 压水堆
		S3（1990）	S3（2000）	S3（2000）
惰性气体	^{133}Xe	7.5E-01	9.5E-01	9.5E-01
微粒碘	^{131}I	—	4.2E-05	4.5E-05
气态碘（I$_2$）	^{131}I	—	2.5E-07	2.2E-03
非有机碘（I$_2$ 和微粒碘）	^{131}I	3.0E-03	4.5E-05	2.2E-03
有机碘	^{131}I	5.5E-03	4.2E-03	2.2E-02
铯	^{137}Cs	3.5E-03	3.5E-05	3.5E-05
锕系元素	^{239}Pu	5.0E-05	9.75E-08	1.0E-07

然而由于仍然存在不确定性，所得出的数字结果需要进一步验证。

在 2010 年,IRSN 完成了源项评估的第二次更新,这次研发是在针对 1300 MWe 压水堆开发的概率安全分析 2 级分析的背景下完成的。

1300 MWe 压水堆有一个双层安全壳和一个排放系统(EDE),这个排放系统不断地从二级反应堆建筑(环廊区)中抽取空气,以便:

(1) 在环空区建立和保持低压(低于大气压力);

(2) 避免安全壳内的气体直接传送到外面的二级反应堆建筑中;

(3) 确保在释放到环境中之前,对来自安全壳的污染空气进行净化(碘过滤和捕获)。

裂变产物建模的主要更新涉及如下内容。

(1) 燃料裂变产物释放的新模型。

模型基于 VERCORS 和 Phebus FP 项目方案的说明进行修订。以下四类裂变产物采用了新的释放动力学:

① 裂变气体和挥发性裂变产物(氪、氙、碘、铯、溴和铷、碲、锑和银);

② 半挥发性裂变产物(钼、钡、钇和铑);

③ 低挥发性裂变产物(锶、铌、钌、镧、铈、镨和铕);

④ 没有挥发性的裂变产物(锆和钕)。

(2) 碘行为的新模型。

根据反应堆冷却剂系统和安全壳中碘行为的试验项目,主要的更新或者新的模型涉及以下几个方面:

① 由反应堆冷却剂系统释放的气态碘碎片(根据 Phebus FP 结果考虑较高的值);

② 碘吸附到涂料上,有机碘的产生;

③ 在气态阶段,碘氧化物由于 I_2 或者有机碘与空气辐解产物反应的形成和破坏。

(3) 钌表现特性的新模型。

核裂变产生的钌的数量是庞大的,并随着燃料燃烧而增加。与其他释放的裂变产物相比,钌有更高的活性和辐射毒性。加拿大和法国的实验表明,在高氧浓度情况下(空气和蒸汽富足的情况下),燃料中会释放大量的钌。在高温下形成的氧化钌在反应堆冷却剂表面迅速沉积,而且在随后阶段,钌可能再次挥发成四氧化钌。这就是为什么法国、匈牙利和芬兰进行了一些包括对钌从反应堆冷却剂系统表面再次挥发进行具体研究的实验项目。这些项目拓展了新知识,并开发了在反应堆冷却剂系统和安全壳中关于钌活动特性的新模型。

在对概率安全分析 2 级分析源项评估所定义的假设中,气态形式的钌(四氧化钌)被认为是不需要过滤的物质。即使不完全相同,接近 S3 场景(晚期安全壳过滤排放系统的严重事故)的概率安全分析 2 级分析场景也在 2000 年进行了再次评估(见表 8-2)。必须强调,四氧化钌的释放没有出现在比较之中,但是 2010 年在这种场景的概率安全分析 2 级分析中,四氧化钌的释放量要高得多。

表 8-2　源项计算比较:概率安全分析 2 级分析 2010/S3(2000)

裂变产物	2 级概率评估比率 (2010)/S3(2000)	IRSN 概率安全分析 2 级分析 2010 差异性的解释
气溶胶	5	安全壳内更高的泄漏流率 二级安全壳没有排放
微粒碘 (包括碘的氧化物)	1.8	在概率安全分析 2 级分析中,氧化碘的新模拟增加了颗粒形态的碘的数量
气态碘	0.02	气态碘氧化物(在概率安全分析 2 级分析模拟中,氧化碘的生成在以前是未被考虑的)
有机碘	0.01	在新的概率安全分析 2 级分析模拟中,有机碘的辐解破坏
惰性气体	0.5	在概率安全分析 2 级分析情况下,稍后的安全壳排放(活性减弱)
钌	—	在概率安全分析 2 级分析模拟下,产生得更多

　　由于气态碘氧化、安全壳内气态形式下有机碘的辐解破坏以及安全壳内部较高的泄漏流量,气溶胶形态的碘即氧化碘是在更新的 FP 模型下碘释放的主要物质之一。由于安全壳内气体空间中其他的微粒可能发生聚集现象,氧化碘的二级概率安全分析聚集模型考虑了事故初期较快的聚集速率。在事故的最初阶段,氧化碘微粒的聚集较慢(没有与其他微粒聚集)。因此,在更新的 FP 模型中,氧化碘是安全壳中碘的主要类型,氧化碘微粒的直径似乎与安全壳过滤排放系统过滤效率最低时所对应的直径相符。这个问题需要进一步研究。然而,不能忘记氧化碘微粒的特性仍然受到不确定性因素的影响(这些颗粒的特性是经合组织 STEM 方案的一部分)。

　　如上所述,已考虑采用新的化学反应来模拟钌和碘的行为特性。图 8-1 给出了概率安全分析 2 级分析事故情形下,后期安全壳排放的不同辐射影响。通过这个新的模型,可以看出,在反应堆冷却剂系统中,钌的释放对由钌的氧化物引起的额外释放(氧化引起的再汽化)产生了重要的影响。然而,这个结果认为被严重高估了,特别是因为它没有考虑到四氧化钌会分解到安全壳大气中。这就是为什么在安全壳中,正在进行的研发项目(包括正在进行的 OECD/STEM)对钌行为特性的模拟必须达到一致。

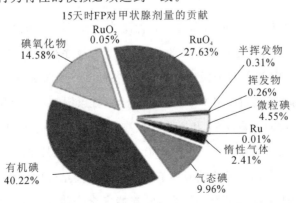

图 8-1　钌和碘对带有安全壳排放(以及主动安全系统故障)的概率安全

分析 2 级分析,(1300 MWe 压水堆)事故后果的放射性影响

过滤器的完整性和过滤效能(对放射性气体和微粒)是影响事故后果的一个重要方面。环廊通风系统和安全壳过滤排放系统的过滤器都与之相关,提高过滤效率是可取的。

8.4.3 瑞典

源项评估作为事故分析的一部分在安全分析报告中报告。除了预估基本的设计情形外(如电站停电),灵敏性研究分析了导致早期排放的一些事故,如反应堆压力容器中的熔体喷射时,系统通过爆破阀爆破而驱动。

假定沸水堆中所有的交流电源丧失,在 8 h 内,安全壳内的压力将不会达到设计压力,这时启动安全壳喷淋会大大延长安全壳的超压时间,使达到超压的时间需要 24 h 以上。在某一压力水平下,安全壳过滤排放系统假定默认方式为手动启动,但在无法手动操作且当安全壳内的压力超过爆破阀设定值时,安全壳过滤排放系统将通过爆破阀自动启动。

在压水堆的设计方案中,通常 4~6 h 后,安全壳内的压力将达到设计限定压力。由于在最初的 8 h 内没有手动操作,安全壳过滤排放系统将通过爆破阀自动启动,并通过过滤排放降低安全壳内的压力。8 h 后,将进行独立的安全壳喷淋,降低安全壳压力,从而减少放射性物质传递到洗涤器。

在源项评估分析中:假设对沸水堆来说,过滤器的去污因子为 500(设计的去污因子为 100);对压水堆来说,过滤器的去污因子为 1000(设计的去污因子为 500)。这些"最佳推算"的去污因子是基于对 20 世纪 80 年代多文丘里洗涤器系统的实验分析得到的(实验中得到的去污因子高得多)。利用 MAAP 或 ERLCOR 程序计算了各种沉积机制对安全壳中气溶胶的留存效果。

应进行源项评估,以检查缓解设计方案的要求是否得到满足,即在 1800 WM 热电力的反应堆堆芯中,除惰性气体外,释放量应限制在堆芯中 ^{134}Cs 和 ^{137}Cs 含量的 0.1% 以内。

8.4.4 美国

遵照美国核管理委员会,事故管理选择监管评估的系统性方法由以下几个方面组成:① 基于概率安全分析和过去相关研究的信息,选择主要事故序列;② 使用美国核管理委员会事故分析程序 MELCOR 进行事故源项评估,考虑各种事故预防和缓解措施;③ 使用 MELCOR 事故分析程序系统第二版(MACCS2)进行评估(健康影响和厂外财产损失);④ 与各种预防和缓解措施相一致的风险评估(和风险降低);⑤ 包括安全壳过滤排放系统在内的各种事故管理选项的监管成本效益分析。业界内有类似的方法,尤其是源项和结果计算。

美国核管理委员会使用上述方法对装有 Mark Ⅰ 型安全壳的沸水堆核电站的安全壳过滤排放系统进行监管成本效益评估,并且形成支持安全壳过滤排放策略建议的技术基础。尤其是,美国核管理委员会就广泛选择的事故情形做了大量的源项和结果计算。计算的结果用于对各种事故预防和缓解方案进行成本效益评估,结果详细记录于 SECY-12-0157。代表这个行业的美国电力研究院使用 MAAP 也进行了源项评估分析。

MELCOR 分析所考虑的事故情形是由目前最先进的反应堆结果分析或者事故后果分析及最近的福岛核事故研究提供的。具体而言,MELCOR 分析选择了两种事故情形:SO-ARCA 研究中定义的长时间电站停电(LTSBO)和短时间电站停电(STSBO)两者都是由地震事件引发的。长时间的电站停电导致外部电源(回路)丧失、厂内电源丧失和输电网损坏,所有依赖于交流电的系统不可用。在事故发生后,汽轮机驱动的反应堆堆芯注入冷却系统在一个有限的时间内是可用的,当前的研究假定高压冷却剂注入系统不可用。对于短时间的电站停电,进一步假设汽轮机驱动反应堆堆芯注入冷却系统最初不可用。

人们主要关注长时间电站停电情形,运行大量的 MELCOR 案例,模拟不同的可能后果(如超压安全壳破损、干阱衬管融穿和主蒸汽管道破裂的后果)。这些案例考虑了堆芯注入冷却系统的运行而且结合了一种或者更多的缓解特性,如堆芯喷淋、安全壳喷淋和排放。那些带有排放的案例包括气体循环的选项。表 8-3 总结了一些长时间电站停电的案例。该表中的案例运行了 48 h。

表 8-3　安全壳排放研究中 MELCOR 案例选择的模型

MELCOR 案例描述	案例 2	案例 3	案例 6	案例 7	案例 14	案例 15
堆芯注入冷却 16 h 持续时间	✕	✕	✕	✕	✕	✕
在 60 psi 压力下,湿阱排放,排放打开		✕		✕		
湿阱排放循环,在 60 psi 压力下打开,接近 45 psi 时关闭						✕
在反应堆压力容器底盖损坏后,堆芯喷淋			✕	✕		
在 24 h,干阱喷淋					✕	✕

译者注:1 psi≈6895 Pa。

MELCOR 是一个集成的系统级计算机程序,用于模拟核反应堆中严重事故的进展。(如在严重堆芯损坏中的事故后果、可能的堆芯熔化及放射性物质释放)。事故进展建模的范围包括:

(1)堆芯裸露(由于冷却剂丧失)、燃料升温、烛形燃烧、复合膨胀、复合氧化、燃料降解(丧失几何结构)及堆芯材料熔化和移位;

(2)通过移位的堆芯材料加热压力容器底盖;

(3)反应堆腔中熔化堆芯、混凝土相互作用,紧接着产生气溶胶;

(4)压力容器内和压力容器外氢产生、传输和燃烧;

(5)从堆芯释放的裂变产物(气溶胶和水汽)传输和堆积在安全壳中,最终释放到环境中;

(6)由高压熔体喷射导致的安全壳持续加载,由包括氢气在内的不凝结气体产生的超

压或其他机制(如氢燃烧或热侵蚀)及后续产生的安全壳故障;

安全壳过滤排放系统研究特别关注的是源项的评估(如时间、数量和裂变产物的化学/同位素形式,它们对健康和环境污染有很大的影响)。表 8-4 总结了表 8-3 中选择的一些案例的 MELCOR 结果。

表 8-4　挑选出的 MELCOR 结果

挑选出的 MELCOR 结果	案例 2	案例 3	案例 6	案例 7	案例 14	案例 15
喷射的碎片质量(1000 kg)	286	270	255	302	267	257
压力容器内产生的氢气 (kg-mole)	525	600	500	600	614	650
压力容器外产生的氢气 (kg-mole)	461	708	276	333	327	276
产生的其他不凝结气体 (kg-mole)	541	845	323	390	383	270
48 h 内释放的碘份额	2.00E-02	2.81E-02	1.70E-02	2.37E-02	5.41E-03	1.86E-02
48 h 内释放的铯份额	1.32E-02	4.59E-03	3.76E-03	3.40E-03	1.12E-03	3.01E-03

译者注:kg-mole 是千克分子的缩写,全称应是 kg-molecular。例如,O_2 的相对分子质量是 32,则 1 kg-mole O_2 就相当于 32 kg O_2。

MELCOR 程序为 MACCS2 提供输入,用于分析环境中的放射性材料扩散及其后果。程序模拟气体传输和扩散、应急反应动作、照射途径、健康影响和经济成本。MACCS2 用四个步骤评估结果:

(1) 排出的气体向土地和水体的输送和沉积量;

(2) 释放开始后 7 天内(早期)估算的照射和健康影响(早期影响);

(3) 长达一年的中期时间阶段(中间阶段)估算的照射和健康影响;

(4) 长期(如 50 年)估算的照射和健康影响(后期阶段模型)。

对于土地污染和经济影响,厂外财产损失的评估使用了模型的所有四个部分。污染超过临界水平的土地面积可用几种方法推算。最简单的方法是报告超过一种或多种同位素单位面积活动水平的土地面积。切尔诺贝利核事故后,就是用这个方法报告污染区域(如超过 [137]Cs 活性阈值水平的区域)情况的。目前,MACCS2 根据大气传输和沉积的高斯烟羽模型评估这些区域的情况。

影响分析的结果给出了每个案例的公共风险、人口密度、环境污染和经济成本。所有影响后果都作为有条件的后果(如假定事故发生)的形式呈现,并显示了事故后果对个体的风险(即每个事件的 LCF 风险或每个事件的即时致命风险)。表 8-5 总结了由 MACCS2 获得的影响后果。

表 8-5 50 英里半径范围的 MACCS2 后果总结

后果属性	过滤情况	去污因子值					
		案例 2	案例 3	案例 6	案例 7	案例 14	案例 15
50 英里(1 英里≈1.6 km) 半径范围的人口密度	未过滤	58 000	460 000	310 000	240 000	86 000	280 000
	过滤 DF=10	—	180 000	—	37 000	—	43 000
50 英里半径范围的 潜在癌症风险	未过滤	4.8×10^{-5}	3.3×10^{-5}	2.5×10^{-5}	1.6×10^{-5}	6.4×10^{-6}	2.1×10^{-5}
	过滤 DF=10	—	1.3×10^{-5}	—	2.2×10^{-6}	—	2.7×10^{-6}
超过 15 $\mu Ci/m^2$ 的污染区域	未过滤	280	54	72	34	10	28
	过滤 DF=10		8		0.4		0.3
50 英里半径范围内的 全部经济损失①	未过滤	1 900	1 700	850	480	120	590
	过滤 DF=10		270		18		20

注:①原文单位为 $ M-2005。

　　MELCOR 和 MACCS2 都没有机械地模拟湿阱或者干阱排放路径外部过滤器的去污效果,而是用规定的去污因子值来代表外部过滤器的效果。该去污因子适用于经过滤排风净化的部分向环境释放的非惰性气体源项。

　　对于结果推算,假定湿阱下游的外部过滤器的去污因子是 10。如前所述,这种低去污因子值说明了这样一事实,即抑压池过滤器留存了大部分的气溶胶,但通常不能通过过滤有效保留的气溶胶类型(亚微米级微粒)除外。

　　去污因子值和环境影响减少(如土地污染)的关系是非线性的。去污因子为 10 通常不会导致环境影响呈 10 倍减少。根据考虑中的事故序列和结果指标的评价,去污因子的影响可能是从中等到严重的。

　　一般来说,MELCOR/MACCS2 分析显示了外部过滤器对人口密度、潜在癌症风险、环境污染和经济后果的有益影响。将源项分析放在具体情境中,当考虑各种各样安全壳排放效率和事故管理策略时,MELCOR/MACCS2 的结果可用于评估可实现的风险降低程度(相对基线情况)。这里的基线情况是指 EA-12-050 阶可靠的硬化通风口,而备选方案则是指没有和有外部过滤器的严重事故能力硬化通风口。风险评估的结果表明,严重事故可靠排放和其他事故管理手段的运用,辅以外部过滤器,可以使风险大幅降低。当过滤器应用在湿阱排放中时,外部过滤器对总体风险降低的贡献不大;反之,当过滤器应用在干阱排放中时,外部过滤器的贡献显著。

　　如其他地方所述,本文的总结工作是为了形成 SECY-12-0157 的技术依据。委员会随后命令美国核管理委员会员工着手实施严重事故能力排放方案,从而达到 EA-13-109 要求,并进行额外的分析,以支撑安全壳过滤排放策略未来的立法选择。目前正在进行源项、结果和风险的额外分析。

8.4.5 加拿大、芬兰、德国、韩国和瑞士

源项评估是在假定安全壳过滤排放系统根据设计规范(包括要求的去污因子)运行的情况下进行的。这些评估通常是为了定义或检查安全壳过滤排放系统去污因子的最低要求。目前披露的消息中没有更加详细的内容。

8.4.6 其他国家

迄今为止,在目前正在考虑实施安全壳过滤排放系统的其他国家,没有进行与安全壳过滤排放系统有关的源项评估。评估通常是为了帮助定义安全壳过滤排放系统的设计要求,特别是去污因子值。

8.5 对安全壳过滤排放系统源项评估的总结和建议

在不同的国家,源项评价被纳入事故分析。目前业界认为,源项评估对于安全壳过滤排放系统的监管评估是相当重要的,而且应作为安全壳过滤排放系统设计和运行要求的一个指南。

对于给定的反应堆类型,使用安全壳过滤排放系统进行环境源项评估时,须考虑不同的排放时间和不稳定源项的边界事故场景。每种类型反应堆的相关边界场景的定义是至关重要的。

尽管边界情形时常变化,但结果分析表明,使用安全壳过滤排放系统,短期(健康效应)内和长期(土地污染)的放射性水平都显著降低。这在法国最近进行的 S2(24 h 内未过滤释放)和 S3(24 h 内过滤释放)情形的源项评估中得到证实,而且,在美国 Mark I 型沸水堆,过滤和不过滤释放的比较源项评估也证实了上述说法。

最近在法国和美国进行的经济性分析也表明,使用了安全壳过滤排放系统之后,事故的放射性影响造成的损失大幅度降低。尽管法国和美国对事故的成本评估相差了一个数量级(当仅仅比较放射性成本时,法国比美国高出 10 倍;因为研究涉及不同的反应堆类型,所以这种差异并不奇怪),这两项研究都得出结论,使用安全壳过滤排放系统将辐射后果造成的影响减少约一个数量级。

在大多数国家,放射性影响的减少足以证实安全壳过滤排放系统对严重事故管理是有用的。在美国进行的成本/效益研究中,这些效益正好抵消与事故相关的低可能性,同时证明选择安全壳过滤排放系统是正确的。

目前,环境源项评估还对安全壳过滤排放系统进行了铯和气态碘分子过滤效果的评估。最近研究结果表明,对于安全壳过滤排放系统的作用来说,还必须进一步考虑可能对短期和

长期放射性影响有重大意义的其他物质：有机碘（RI）、来自空气辐解过程的氧化碘（IO_x）微粒及可能的气态四氧化钌（RuO_4）。如果有机碘已被现有的系统过滤，那么提升此类化合物的安全壳过滤排放系统的过滤效率仍然有可能降低短期放射性影响。

尽管在使用安全壳过滤排放系统时，有大量铯的放射性同位素释放，但结果分析表明，通过安全壳过滤排放系统，仍然能够提升严重事故工况下对放射性气溶胶的过滤效率。初步研究结果显示，氧化碘微粒是亚微米级微粒。对所有类型的气溶胶，去污因子大于 1000 是一个目标值。

在严重事故中，对液体和固体过滤技术，情况变化（热工水力、化学和剂量率情况的变化）对过滤效率的影响及过滤器中沉积物的再悬浮/再挥发必须进一步的评估。

关于延迟性的安全壳内的源项及严重事故中地坑洗涤器内的衰变，需要进一步加快进展来进行相关的源项评估。

即使结果分析中不考虑稀有气体，但稀有气体留存系统的利弊仍需进一步评估，留存稀有气体可能有助于短期现场干预。

对于安全壳和排气管道（如安全壳中放射性物质悬浮浓度及安全壳过滤排放系统管道的排放），可开发严重事故时可用的器械，其效果参考环境源项评估。

第 9 章
安全壳过滤排放的收益预期及可能的不利方面

9.1 安全壳过滤排放的目的

安全壳过滤排放系统的首要作用是在严重事故中防止安全壳超压,令安全壳内压力低于设计值,同时尽量减少向环境释放的放射性物质。这些都可通过排放,用一种可控的方法得以实现,通过过滤系统可在无过滤排放或者安全壳故障时防止放射性物质大量释放。此外,在一些情况下,安全壳过滤排放系统可作为降低氢风险的一种手段;在较小的沸水堆安全壳中,安全壳过滤排放系统可移除衰变热。因此,通过使放射性对健康的影响最小化及防止大范围的环境污染,安全壳过滤排放系统强化了安全壳的功能。也就是说,在核电站中,安全壳过滤排放系统是在严重事故中保证安全壳完整性的系统之一。

福岛核事故之后,一些国家再次对安装安全壳过滤排放系统产生了兴趣,评估了在严重事故中安装它的必要性及作用。作为监管评估的一部分,美国正在进行研究和分析,以确定安全壳过滤排放系统是否确实是一种可行的成本效益缓解战略。这种分析将区分电站所处的区域是人口密集区域还是人口稀少区域。每个电站都应该考虑各自的具体特点,评估安全壳过滤排放系统的成本效益率。

以下两部分讨论预期的有利方面和不利方面,在特定的核电站和特定的国家监管框架下,利弊方面的分析应作为制定安装安全壳过滤排放系统决策过程的一部分。安全壳过滤排放系统是有助于缓解严重事故后果的一个可靠系统,而且当研究严重事故管理策略时,这个可以作为重要选项之一。

9.2 预期效益

1) 超压保护和放射性限制

在堆芯熔化事故中安全壳内的压力不断增大,这时排放是避免安全壳破损的一个有效缓解措施。排放也可以降低发生渗透事故和安全壳泄漏的可能性。在一些国家,根据这一考虑因素似乎就足以制定安装安全壳过滤排放系统的相关决策。

2) 减少氢爆炸风险

适时启动安全壳排放系统能够减少氢向反应堆建筑物或其临近区域迁移。换言之,可以降低任何像福岛核事故那样的氢爆炸风险。由于排放及污水流动,氢迁移的程度将主要取决于压力的降低。高流出流速,虽然减少了反应堆中氢气积聚,但仍然可能导致排放管道中的氢气浓度增加,可能增大管道中氢气爆炸的风险。

3) 沸水堆特定的益处

目前人们正在研究堆芯损坏时的早期排放,将这种早期排放作为保持反应堆堆芯冷却系统长时间可用的一种手段,长时间运行堆芯冷却系统,可以延缓堆芯降解和压力容器破损。

排放可以有效地从更小的沸水堆安全壳中移出衰变热。一些沸水堆可提供湿阱和干阱排放。一般来说,对于沸水堆,当反应堆冷却剂系统损坏时,抑压池温度低于饱和温度的湿阱排放是最佳的选择,因为其可提供清除裂变产物的额外作用。在反应堆冷却剂系统损坏之前,利用干阱排放能够对上游干阱进行更好的排放,而且有利于解决干阱阱头的密封泄漏问题。

在沸水堆事故中,从沸腾的湿阱中排出蒸汽,使来自湿阱的热量完全排出,这是另一个有益的方面。在德国的沸水堆核电站中,在任何堆芯损坏情况发生之前,这样的方案可应用于超设计基准事故。

在反应堆压力容器破损之前进行排放是另一个对策,这可能有一些相应的好处,尤其对沸水堆来说。在反应堆冷却剂系统中,这样的对策与事故时是否有初生破口或者次生破口有关。然而预测管道破口时间是有挑战性的,因为在堆芯熔化后,管道破裂可能很快就会发生。

4) 放射性后果与事故管理

与排放相比,安装安全壳过滤排放系统的最大好处是限制放射性结果的影响,安全壳过滤排放系统能够极大地减轻在核电站发生灾祸情况下厂内和厂外的放射性后果。特别是与未过滤的情况相比,铯和碘的释放大大减少。因此,安全壳过滤排放系统能够促进现场事故管理顺利进行及在短期内限制放射性对人们的影响。安全壳过滤排放系统还可以缩小环境污染的范围及在长期范围内简化对污染土地的处理。用这种方法,安装安全壳过滤排放系统还可以提升公众对核电站的可接受度。

限制存在于安全壳中大量的放射性气溶胶的数量,安全壳自身过滤效率应当非常高。沸水堆的湿阱排放及在其他反应堆中安装于安全壳的预过滤器,为这种方法的实施提供了可能性。当这种方法得以实施的时候,这样的过滤将减小安装于下游的过滤器过滤气溶胶的负担,而且即使过滤器粗过滤,也会降低安全壳外的剂量负载。

9.3 可能的不利影响

1) 放射性物质的意外释放

只有当系统按照预期设计和运行时,安全壳过滤排放系统硬件和程序才可能有预期的效果。比如,考虑到安全壳故障的可能性和方式,排放开启的时机和条件对安全壳来说是重要的。当安全壳压力过高(如超过设计压力或达到安全壳压力限制)时,排放滞后可能增大渗透故障的可能性,而且对沸水堆来说,可能会增大贯穿件失效、法兰泄漏的可能性。此外,延时排放可能阻止不了破坏性更大的安全壳破损。另外,在安全壳低压下进行早期排放,可能会导致在对民众实施适当的保护措施之前意外地释放放射性物质。因此,为了使放射性结果保持在可接受的范围内,仅在安全壳内的放射性水平足够低,或者安全壳过滤排放系统足以有效减少放射性释放的情况下,才考虑早期排放。

2) 对安全壳功能的潜在损害

在事故情况下排放无法关闭时,排放会使得安全壳内出现负压或者背压,这可能导致结构不稳定或者空气流入。此外,排放可能会有意想不到的后果。如果排放开启后有空气流入,安全壳的去惰化和蒸汽冷凝的共同作用可能形成有利于氢气燃烧的情况。

3) 应对外部事件的能力

外部过滤设备应符合相关外部事件的要求,具体取决于核电站的位置和相关的具体风险。一个不能够抗震的系统在地震中可能会有安全壳损坏的风险。同样地,若系统设计未考虑应对如高水位、外部火灾或者极端气象事件的外部灾害,在上述类似灾害发生时,可能会有安全壳破损的危险。

4) 氢气风险

在安全壳过滤排放系统(排放管道、烟囱等)中的氢,如果浓度足够高,在富氧条件下,可能形成可燃混合物(由于从排放口进入的空气)。蒸汽凝结可能加剧这种情况,如果最初的安全壳过滤排放系统设计不能够应对动态载荷,则有氢气燃烧的风险(如果氢气没有通过其他方式排出的话)。如果使用一个公用的排放管道,例如在某些德国压水堆中,排放管道连接公用的收集空间或者在烟囱入口处,氢气燃烧的风险将一直存在,因此,应该对其进行相关的分析。

5) 运行模式和操作员辐射

能够在可预见的条件下以允许的方式终止排放,这个要求提出了这样一个问题:在安全壳某一压力下通过爆破阀爆裂自动开启排放是否是一个更好的选择?这样的自动开启涉及自动关闭和手动关闭。在严重事故情况下,自动终止似乎有很高的风险,因为此类动作下逻辑仪表和电源可能无法使用。这可能导致安全壳长时间不可控的开启,而这必须不惜一切代价阻止。换句话说,福岛核事故表明,在长时间的全厂停电事故中,安全壳过滤排放系统能够手动运行是必要的。手动终止的强制性要求,反过来又要求设备在物理上的可操作性及对操作员进行适当的保护。

安全壳过滤排放系统的运行毫无疑问给操作员带来了额外的负担,尤其是当系统必须在手动模式下运行时。此外,尽管理想情况下这两个操作应该是相互独立的,但安全壳过滤排放系统的运行可能会对其他重要的安全系统带来一些影响。

6)过滤载荷

讨论中的排放程序各不相同,如持续排放或者间断排放,一些国家的排放系统能够运行长达 72 h。而且,根据反应堆类型、事故场景和严重事故管理策略,在压力容器爆裂后,排放能够开启几小时到一天以上。早期或者长时间的排放可能会导致过滤器受到一些限制。与过滤媒质过载的风险有关,放射性物质可能会降低过滤效率并降低排放速度。

第 10 章
改进安全壳排放系统及策略

10.1　排放策略

根据反应堆类型、安全壳类型和大小以及严重事故管理程序,不同国家所考虑的排放策略不同,排放开启的时间(从反应堆容器破裂后的几小时到几十小时不等)和排放开始时的压力范围(2～9 bar)也不同。运用这样策略的挑战之一是评估安全壳破损的实际裕度范围。在这样的评估中,应该考虑的因素包括严重事故工况下的渗透故障,压力高于设计压力时混凝土墙的泄漏,法兰、舱口和其他结构组件的开口(通常是可逆的),以及由于安全壳内发生剧烈反应,压力突然增大的可能性。

如果早期情况不会对安全壳的完整性造成威胁,则应当尽可能长时间地保持安全壳处于关闭状态,最大限度地使活性物质沉积在安全壳中,并且提供额外的时间来进行疏散和实施厂外保护措施。这个策略的成功将依靠基于外部因素的长时间的事故管理行动的效率(如启动安全系统的便携式的柴油发电机等)。从福岛核事故中可以了解到,应考虑设置一个压力限值(例如略高于安全壳的设计压力),过滤后的排放将在该限值下自动开始。

在事故中,早期排放可能会影响过滤器的气溶胶负载,因为安全壳内的活性物质堆积在早期阶段会被限制。只要条件允许,可以在安全壳中安装预过滤器,限制存在于安全壳中的放射性物质的数量(例如,沸水堆中的湿阱通风和安全壳内用于干式安全壳通风的预过滤器或过滤器)。在这方面,重要的是确保安全壳过滤排放系统的效率不因过滤器堵塞而受到损害。此外,在安全壳过滤排放系统停止使用后,需要采取措施截留过滤器内的气溶胶。

一般来说,为了确保排放策略的有效性,必须系统性地分析反应堆压力容器、安全壳、反应堆厂房和所有释放管道内的事故进程,同时考虑排放的缓解效果,要分析的主要参数是热工水力学参数(温度、压力、液位等)、可冷凝和不可冷凝气体存量以及不同体积的裂变产物分布。美国 Mark Ⅰ 型沸水堆安全壳最近的记录分析显示,排放过程对事故进程、运行模式和故障时间有明显影响。

据了解,排放应当仅在发生无法克服的系统终止事故时开启。那么,有这样一个问题,手动开启排放是否可以接受。应当有一些措施来尽可能降低这种风险。这些备案措施包括放射性防护、远距离操作及有限时间的维护操作。应当调查研究是否采用冗余系统,以使通风终端更可靠。

目前,似乎不可能排除所有情形下氢燃爆的风险,但是应当做一些尽量降低该风险的努力。在早期排放的情况下,安全壳过滤排放系统中氢燃爆的风险是较高的。新系统的设计和运作应当能够避免达到可燃的水平;另外,新的系统应当被设计成能够承受由氢燃爆造成的动态负载。在一些电站中已经有一些专门的解决办法来降低这种风险,如排放管道惰化(要求惰性气体的供应),加热管道防止蒸汽凝结(要求热供应),或者使用一个单独的排气管道到达烟囱的出口。如果复合器安装在安全壳中,那么安全壳过滤排放系统中氢燃爆的风险可能就会降低。而且,通风口的设计应尽量避免氢气转移进入反应堆厂房或者其他建筑。应当注意避免两个或者更多的设备共用一个安全壳过滤排放系统。

最终,为了降低整个排放过程故障的风险,应当调查研究是否有优势运用多条排放管道(可能连接到不同的安全壳位置)。总的来说,应进一步评估此类系统的冗余度。

10.2 过滤系统

在 20 世纪 80 年代和 90 年代,当第一代安全壳过滤排放系统商用时,就过滤器的性能来说,其已达到对气溶胶超过 99.9%(DF>1000)的过滤及对分子碘超过 99%(DF>100)的吸附。随着安全壳过滤排放系统技术的发展,尤其是安全壳过滤排放系统用于事故早期阶段的管理,快速增压及事故长期阶段的使用。一些国家希望进一步降低放射性释放,提高去污因子(对于气溶胶,DF>10 000)。现在的技术可能已经达到了这样的水平。

然而,有个疑问是,由过滤器供应商提供的某种类型过滤器的过滤效率可能无法通过数据独立验证,尤其是对尺寸大范围变化的气溶胶及大的热负荷。特别是,现有和创新的过滤技术在更具挑战性的条件下的性能需要根据其声称的效率进行验证。

对一些现有的系统,有机碘混合物的留存不超过 80%(去污因子小于 5),并且人们目前有意研究更高的有机碘留存率,因为最近的研究表明,这些有机碘混合物可能主要影响安全壳内的气体碘数量。毫无疑问,目前缺乏对这些混合物进行留存的技术。在 MIRE/PAS-SAM 计划中,有关有机碘留存的更多知识的研究工作正在进行中。除了调查研究现有过滤系统潜在可增强的方面以外,PASSAM 计划正在寻找新的过滤吸附技术。

现有过滤技术的另一个缺陷是惰性气体的过滤,在事故中,惰性气体的过滤有益于减少现场干预及减少人员和环境受到的辐射。人们已对不同的过滤媒质对惰性气体的吸收做了一些调查研究工作;目前关于惰性气体的留存没有硬性要求;开展用各种过滤技术留存惰性气体的相关研究工作可能是有意义的。减少惰性气体的释放对环境的好处可能与其缺点相抵,它的缺陷可能导致现场系统内的放射性积累。

在堆芯熔化事故中,当处于氧化条件下时,钌从反应堆冷却剂系统中再次挥发可能导致

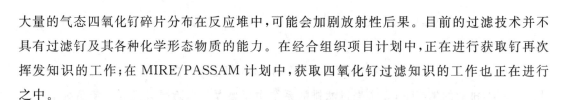

大量的气态四氧化钌碎片分布在反应堆中，可能会加剧放射性后果。目前的过滤技术并不具有过滤钌及其各种化学形态物质的能力。在经合组织项目计划中，正在进行获取钌再次挥发知识的工作；在 MIRE/PASSAM 计划中，获取四氧化钌过滤知识的工作也正在进行之中。

高剂量率和热负载对排放过程过滤效率的影响需要仔细评估。某些严重事件可能发生在安全壳中，其对过滤效率的影响也需要仔细评估。特别是严重事故情况下，高负荷、长时间或者间断使用时，需要研究放射性核素迁移的细节现象。

10.3　其他方面

对于安全壳过滤排放系统的运行，应当提高电源的可靠性。这些电源可能需要不同程度的冗余。

为了进行有效的事故管理，最好有一个专门用于测量安全壳和安全壳过滤排放系统排放管道中氢、放射性气溶胶和碘浓度的仪器。即使在最坏的情况下，这样的仪器都必须能够给操作员和决策者提供可靠的信息。

最后，安全壳过滤排放系统应该能够应对地震情况，保证在发生地震时安全壳不会损坏。同时，在该情况下，应规定安全壳过滤排放系统不能威胁到其他重要安全系统的正常功能。

第 11 章
结论

在经合组织成员国中,像事故管理分析工作组所定义的那样,制定安全壳过滤排放系统进展报告的主要目的如下:

(1)汇编安全壳过滤排放系统应用于轻水堆和加压重水反应堆的实际状况;

(2)就排放系统和过滤策略的实施描述国家要求;

(3)描述可用的不同的过滤排放系统及其性能;

(4)描述安全壳过滤排放系统的设计规范;

(5)描述安全壳排放可能的不利方面,如误启动、低压风险;

(6)从事故管理的视角判断系统的硬件和品质是否还有提升的空间;

(7)总结目前应用的安全壳排放策略的现状,尤其是需要与决策过程结合来开启安全壳排放的策略。

该进展报告满足上面所列的大多数目的,只有两个除外。第一,关于现有过滤系统性能的一些信息是有版权限制的,设计者不能将其披露出来;第二,从各个国家获得的关于排放策略的信息是有限的,尤其是关于决策过程的描述。应该强调,对每个国家来说,决策过程都高度依赖应急响应组织。

所有参与的国家都认可安全壳过滤排放系统对应急响应的潜在好处(减少厂内和厂外的辐照剂量),可缩小环境污染范围和健康影响及增大社会的可接受度。不过,应当考虑安全壳过滤排放系统与其他的严重事故管理策略的结合。

在福岛核事故之前,安全壳过滤排放系统主要被用于应对安全壳内压力的长时间增加;新的安全壳过滤排放系统或许设计成能够应对更具挑战性的情况。应对严重情况,安全壳过滤排放系统的稳定性、使用安全性及可靠性应当被进一步评估,以改进现有的系统或者对未来的系统进行改善。

附录 A
法国安全壳过滤排放系统的技术说明

法国每个在运行的压水堆都安装了砂床过滤器安全壳排放系统。

A.1 安全壳过滤排放系统设计与合格性试验

在安装安全壳过滤排放系统之前,法国电力公司开展了一项研发项目,设计出主要基于大型砂床过滤器的安全壳过滤排放系统,这个砂床过滤器应当尽可能简单,而且其不能干扰其他的安全系统,除了管道贯穿件和相关的隔离阀外,不会引起安全壳隔离损坏的额外安全风险,而且应当以最小的电力消耗工作。

在 20 世纪 80 年代,试验项目由防护研究所主导,其与法国电力公司合作设计砂床过滤器,并评估过滤器在瞬态条件下的性能。

(1) PITEAS 项目(1982—1986 年):

① 在直径为 20 cm、厚为 80 cm 的砂床过滤器上进行了小型的实验室试验;

② 在直径为 1 m、厚为 80 cm 的砂床过滤器上进行了更大范围的测试(1985—1986 年)。

PITEAS 项目的主要目的是确定沙子特性(粒径为 0.6 mm,最大标准偏差为 2)及穿过沙层的排气速率(小于 14 cm/s,在 7~14 cm/s 的速率范围进行测试),确保满足过滤效率标准要求(对气溶胶的最小去污因子为 10,过滤器内最大压力负荷为 10^4 Pa)。

(2) FUCHIA 计划(1990 年):U5 一级安全壳过滤排放降压系统没有预热系统和气溶胶过滤器。FUCHIA 实验表明,当气体混合物流速在 12 cm/s 以下时,砂床的过滤效率将介于气溶胶所需的最小效率 10 及最大效率 100 之间[18]。

最终设计的系统具有以下几个特点(在沙中,混合气体的流速在 10 cm/s 以下时,满足热工水力的要求):

(1) 安全壳管道在安全壳外墙上配备有两个手动隔离阀(管道已经存在并用于初始启动和安全壳阶段性压力测试);

(2) 位于安全壳过滤排放系统下游部分,在正常运行情况下,风机可吹干空气以防止腐蚀和润湿沙子;

---

[18] 气溶胶过滤实验中使用了质量中位直径为 1~2 μm 的气溶胶,低于所考虑的质量中位直径 5 μm(预计这种尺寸的气溶胶的留存效率会显著降低)。

(3) 位于孔板下游的手动隔离阀用于增大压力,使排放气流在达到砂床过滤器之前预热;

(4) 容积为 167 m³ 的圆柱形砂床过滤器装有 65 t 沙子(沙子粒径为 0.6 mm,砂床厚度为 80 cm),最大压降为 10^4 Pa;

(5) 具有测量砂床下游放射性水平的设备;

(6) 具有连接过滤器和电站排气烟囱的管道。

对于 900 MWe 的压水堆,两个紧邻的电站共用一个砂床过滤器及下游床过滤器设备。从 1987 到 1989 年,这些设备应用到了现有的电站中。砂床过滤器安装在一个辅助性建筑的顶部,在这个设备的应用过程中考虑了地震的影响,砂床过滤器已被安装在不同的位置处。

FUCHIA 实验有助于提高安全壳过滤排放系统在真正的事故中,预测具体情况的准确性。在混合气体和蒸汽条件下,进行了两个实验,以评估对铯气溶胶和分子碘的过滤效率(35%、65%)。测出铯气溶胶的过滤效率比标准值 10 高出一个数量级。在两个试验的不同阶段,测试分子碘的捕获效率;对于最终在设备中安装的完全绝热过滤器,去污因子大于 10。在空气条件下,通过缓慢降低温度来模拟剩余功率的降低,进行了长时间的再次挥发实验。这些试验没有显示出任何明显的再次挥发。根据 FUCHIA 试验中获得的关于砂床过滤器中气态碘留存的知识,并考虑到碘也可能吸附在安全壳过滤排放系统管道上,研究机构和法国电力公司在 1995 年推论出,法国所有压水堆的气态分子碘的去污因子将始终大于 10。然而,在安全壳过滤排放系统中,放射性对碘沉积稳定性的潜在影响,尤其是空气辐射产物对捕获的物质的反应的影响,这尚未得到解释。这类影响的量化研究工作正在进行之中。

在设备安装之后,两个与安全相关的问题正在研究中:

(1) 排放时,在安全壳过滤排放系统管道中存在氢气燃爆风险:在打开安全壳过滤排放系统管道时,蒸汽可能与冷空气接触,在管道中发生凝结,导致氢的气态混合物凝结,因此增加燃爆的风险。为了降低这种危险性,在 20 世纪 90 年代早期,在风机中增加了加热系统,通过安全壳过滤排放系统管道吹干空气,限制蒸汽凝结。绝缘阀打开之前就开始加热。

(2) 在砂床过滤器中,由于捕获了大量放射性气溶胶,造成高放射性水平的危险,这将限制在安全壳过滤排放系统使用之后,在电站进行干预的可能性,此外还必须限制砂床过滤器中残留的热量。目前唯一的解决方法是通过在安全壳中增加一个金属预过滤器来使放射性气溶胶的数量减少 90%(这些气溶胶将通过排放管道输运到砂床过滤器中)。因此金属预过滤器必须设计成能够捕获吸湿的和不吸湿的气溶胶。当金属预过滤器堵塞导致压降缓慢增加到 1 bar 时,打开一个被动阀门使气体绕过预过滤线路。在 1990—1991 年,进行了两次评估预过滤器效率的试验;这些试验表明,在严重事故工况下,预过滤器可以达到所要求的过滤效率。对于吸湿性气溶胶,过滤器会突然发生堵塞,而对于非吸湿性气溶胶,压力降缓慢增加到 1 bar。

A.2 安全壳过滤排放系统描述

安装的安全壳过滤排放系统配备的预热系统和预过滤系统如图 A-1、图 A-2 和图 A-3 所示。

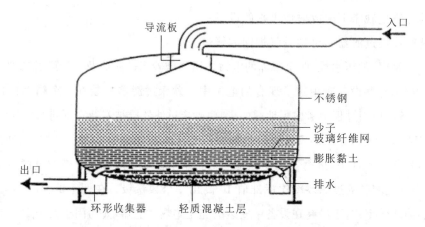

图 A-1 安全壳过滤排放系统砂床过滤器草图

图 A-2 应用于塞纳河畔诺让的 1300 MWe 压水堆砂床过滤器

1) 预过滤器

在 1992 年到 1995 年间,法国所有压水堆的初始设备都添加了预过滤器,位于反应堆厂房的通风入口。过滤材料由 PALL 公司制造,包括:

(1) 由热压加固的不锈钢纤维组成的 92 个过滤器,每个包含两种类型的过滤层;

(2) 一个连接到排放管道的出口;

(3) 一个允许排出过滤器内放射性沉积物产生的余热的管道;

(4) 四个入口,供气体流入过滤器。

预过滤器的基本设计规范是,在严重事故下,高效捕获气溶胶(即避免气溶胶堵塞)至少 7.5 h。计算结果显示,这个持续时间足以将安全壳中的悬浮物的放射性活性降低到十分之一。经过这段时间后,如果由于气溶胶堵塞,穿过过滤器的压降超过 1 bar,则通过位于反应

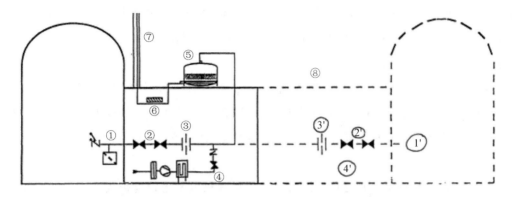

图 A-3　法国压水堆的安全壳过滤排放系统结构示意图

①—预过滤器；

现有贯穿件：对于 1300 MWe 电厂，直径为 300 mm；对于 900 MWe 电厂，直径为 250 mm

②—手动阀，由拉杆从后面的屏蔽物操作；③—减压孔；

④—过滤的干燥空气供应，正常操作条件下或者严重事故情况下应预热以应对氢风险；

⑤—砂床过滤器；⑥—辐射检测仪；⑦—电厂烟囱，带有小的排气孔；

⑧—双单元布置（900 MW）

堆厂房内的阀门远程遥控关闭预过滤器。然后气体不经过预过滤器，直接进入砂床过滤器中。

2）安全壳贯穿件、阀门和孔板

在应用安全壳过滤排放系统之前，就存在安全壳贯穿件，并用于安全壳的压力测试。它配备有两个手动隔离阀，位于安全壳外面，尽可能靠近贯穿件。使用手动隔离阀是因为只有在安全壳压力缓慢上升 24 h 后才可以打开安全壳过滤排放系统。其不应被动打开，以避免在安全壳中发生剧烈反应（如氢气爆炸）时，安全壳内压力达到峰值，产生不可控的厂外放射性物质释放。

孔板位于手动隔离阀下游，确保排放气流在抵达砂床过滤器之前受热膨胀。

3）预热器和空调系统

预热器和空调系统与孔板下游相连接，由一个风扇和一个电加热器组成；来自核厂房排放系统、流量为 50 m³/s 的干空气扫过安全壳排放系统的下游部分，包括砂床过滤器。在正常运行时，空气不加热，风机运行防止砂床过滤器被腐蚀和受潮。在严重事故中，一旦达到导致严重事故管理指南动作开始的标准，加热器即被打开[19]。在 FCV 管道打开之前进行加热，目的是避免其开口处的蒸汽冷凝，并降低安全壳过滤排放系统管道中的氢爆炸危险。

4）砂床过滤器

法国电力公司的专利——砂床过滤器，是一个由 316L 不锈钢制造的热绝缘圆筒形罐，

---

[19]　主要标准是堆芯出口处的气体温度超过 1100 ℃。

由一个垂直轴气缸连接准球形的上端和下端。在 900 MWe 压水堆中,其安装在核岛顶部,通常有两个单元。它的主要尺寸是:内径 7.3 m,高 4 m,容积 167 m³,过滤面积 42 m²,空载质量 12 t,运行质量 92 t,沙重 65 t。

砂床厚 0.8 m,由轻质混凝土和膨胀黏土层支撑。气体均匀分布,穿过过滤器和一个网状的凯尔拉夫晶格包络砂床。在经过砂床后,气体由位于膨胀黏土处的不锈钢金属过滤器收集,在过滤器外围由矩形收集器输运。过滤器设计允许压降为 500 mbar。

5)疏散管

为了避免气候负荷(特别是风),同时也为了稀释核电站建筑物排放气流中过滤器的排放物,在常规核电站排污烟囱内安装一个直径为 0.4 m 的独立疏散管道。在建立运行条件时,这个管道提供充足的气流避免在烟囱底部凝结物聚集。

6)放射性测量装置

当安全壳过滤排放系统运行的时候,通过位于砂床过滤器下游的装置测量释放的液体的放射性。设备包括一个探针,其固定在连接管上,在砂床过滤器和电站烟囱之间,还装备有一个移动探测器。它使用自动能量校准的伽马能谱仪,能够对稀有气体、碘和铯的释放情况进行单独测量。

7)热绝缘

砂床过滤器和连接管道被厚 8 cm 的矿棉板隔开,由不锈钢板进行机械保护;疏散管未被隔离。在稳态操作期间,通过设备热绝缘以及孔板处气体和过热蒸汽的膨胀,避免工厂烟囱中的凝结水聚集。

8)安全等级划分

在贯穿件和阀门之间的安全壳隔离阀和管道是安全级的,拥有安全壳隔离功能。对于系统的其他部分,它们既没有安全分类,也没有计算它们能承受的地震载荷。然而,在地震载荷下,设计的土木工程结构可保持其完整性:这就是过滤器安装于核岛建筑物顶部的原因。

A.3 排放过程

从安全角度来说,在严重事故中尽可能保持安全壳的功能是最重要的。这一原则不应该由于安全壳过滤排放系统的存在而受到质疑,安全壳过滤排放系统作为一个最终的应急措施,允许其可控打开成为保持其完整性的唯一手段。因此,排放的开启应当尽可能延迟。

电站管理者与负责危机管理的当地部门和国家部门进行协调,对安全壳过滤排放系统的打开负责。当满足以下标准的时候,排放过程可以开启:

(1)事故发生已至少 24 h——更准确地说是,在执行法国严重事故管理指南 24 h 后;

(2)安全壳内部压力超过大气压 5 bar,这是安全壳的平均设计压力;

(3)安全壳压力缓慢持续上升,与压力峰值无关。

当安全壳压力缓慢到达其设计值(大约 5 bar)时,首先关闭调节风机和预热,并关闭相关的阀门,然后手动打开两个安全壳隔离阀。操作员应关注安全壳内的压力和温度变化,以及排放过程中的放射性。在安全壳内备用安全系统恢复以排出剩余功率或当压力降至安全壳的安全水平时,应关闭两个隔离阀,手动停止排放。结束的过程由危机管理小组根据事故的进展决定。

因此,这个过滤系统的开发得到了一个重要的研究和开发计划的支持,包括大规模的 FUCHIA 实验。

A.4 砂床过滤器仍然存在的不足

1)过滤效率

近 20 年关于源项的研究项目表明,在排放情况下,氧化碘微粒、气态有机碘和气态四氧化钌可能对环境源项有大的影响。在 20 世纪 80 年代和 90 年代进行的测试中,没有研究针对这些物质的砂床安全壳过滤排放系统的过滤效率。此外,必须进一步评估不同沉积碘和钌物质在安全壳过滤排放系统不同部分的潜在再挥发,以确定严重事故的代表状况(压力、温度、气体组分、剂量率、流动瞬变)。

另外,金属预过滤器对这些物质及分子碘的过滤效率没有确定,因此未计入当前的源项评估中。

这些问题将在 MIRE 和 PASSAM 项目中得到解决。

2)与欧盟压力测试相关的其他问题

安全壳过滤排放系统的抗灾能力,尤其是对地震,必须进一步评估,因为系统设计中最初没有考虑地震。

对于两个反应堆同时排放的情况(尤其是 900 MWe 的反应堆),必须进一步评估排放对现场无障碍通风的后果,包括控制室和应急场所的通风。

氢气爆炸的风险必须进行进一步的评估,尤其是对于疏散管道。

附录 B
西屋电气公司安全壳过滤排放系统技术简介

当前,西屋电气公司推出了三种不同的安全壳过滤排放产品:一种是干式过滤器系统,俗称干燥过滤方法(DFM),另外两种是湿式洗涤器系统,俗称"FILTRA-MVSS"及"SVEN"(安全排放)。提供有不同选择的产品允许更好地调整具体约束条件和满足各核电站的需求。下面给出了三种安全壳过滤排放系统的简要描述。

B.1 干燥过滤方法(DFM)

B.1.1 工作原理和关键部件

严重事故工况下,在安全壳排放的过程中,携带有裂变产物的空气、水蒸气混合物从安全壳中释放出来,使安全壳内的压力降低至可接受水平。安全壳过滤排放系统的作用是从排放流中截留住气溶胶等放射性物质。为了实现这些功能,干式过滤器包含一系列的模块化过滤阶段(图 B-1)。对于气溶胶过滤和气态碘留存,采用两种不同形式的过滤器。

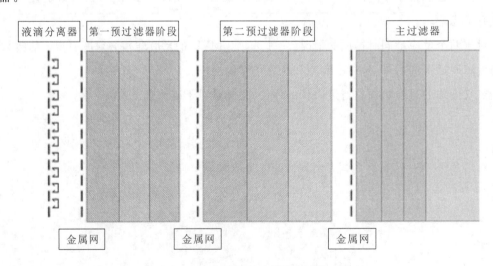

图 B-1 干式气溶胶过滤器的各过滤阶段

在第一阶段,使用特殊设计的深床金属纤维过滤器从排放流中过滤气溶胶。深床金属纤维过滤器的过滤原理是微粒的机械过滤。这个过滤器由多级设计组成,金属纤维的直径随过滤器深度的增大而减少。在初始过滤阶段,金属纤维的直径相对较大,而后期过滤阶段的金属纤维较小。大部分的气溶胶在第一阶段被留存,最后的过滤阶段实现整体过滤效率处于高水平。

除了气溶胶过滤,气态碘由一个位于气溶胶过滤器下游的专门的碘过滤器过滤。碘过滤器或者"分子筛"含有掺杂银的沸石。沸石是一种微观多孔陶瓷材料,普通沸石在工业中常被用作吸附剂,沸石过滤器的过滤原理是碘和银发生化学反应,称为化学吸附。

为了优化气态碘的过滤效率,在氧化碘进入碘过滤器之前,以完全被动的方式扩大排放气流,以降低蒸汽湿度并使排放气流过热(干燥作用)。这是通过扩张孔板实现的。孔板的另一作用是控制排放气流。孔板的位置根据实际的系统设计确定。

干式过滤方法的安全壳过滤排放系统已经应用于德国的 5 个压水堆,在 2013 年,斯洛文尼亚的克尔什科核电站安装了这种过滤器,这个核电站使用带有爆破阀的非能动模式。在未来几年,其将更多地应用到压水堆核电站中。

B.1.2　干式过滤方法的性能

1) 气溶胶过滤器的效率

安全壳过滤排放系统过滤器的 DFM 系统中包含的金属纤维过滤器可过滤排放气流中的放射性气溶胶,实际去污因子达到 3 000 000。这个数据是在国际测试项目和实验室的受控试验条件下获得的。

对每一个气溶胶过滤单元来说,过滤效率由工厂测试,使用少量的气溶胶测试剂荧光素钠,以确认留存效率至少为 99.99%,相对的去污因子至少为 10 000。在严重事故中,荧光素钠相比实际的气溶胶来说,其粒度分布是非常小的,因此当考虑气溶胶尺寸参数的时候,结果相对保守。

2) 碘过滤器效率

气态元素和有机碘的过滤效率主要取决于气体在沸石床中的停留时间及气体温度与气体混合物中蒸汽的露点温度之差。通过降压膨胀孔板,排放气流完全以非能动的方式膨胀,致使露点温度及过热气温增大。在更大的安全壳压力下,露点温度可能更高。在较低的排放压力下,露点温度下降,碘过滤器的效率明显下降。不过,这个影响可以由低安全壳压力下的低流速弥补,而且低流速导致分子碘在滤床中停留的时间更长。因此,碘过滤器的效率在各个流速及压力下都会得到保证。

通常设计的干式过滤方法的碘过滤器的去污因子,对于元素碘是 1000,对于有机碘是40。沸石床的厚度可以设计,使气态碘的去污因子升高或者降低。对于掺银沸石的情况,气态碘的留存效率在指定条件下的认证实验室中进行单独的测试。

在备用条件下,沸石过滤器处于惰性条件保存在氮气中。从德国压水堆中的 DFM 系统中定期抽取沸石材料,分析表明在备用超过 20 年后,沸石没有发生降解。沸石的最初负载仍然有效,留存效率没有降低。

B.1.3 干式过滤方法的过滤排放系统设计

DFM 系统以模块化的方式设计,容易适应电站的配置及系统的功能需求。除了系统的关键部件(即气溶胶过滤器、碘吸附器和膨胀孔板)以外,系统的典型组件包括:

(1) 一个排放气流的进风口;

(2) 根据功能和监管需求,带有安全壳隔离的安全壳贯穿件;

(3) 过滤排放气流的排放口;

(4) 连接管。

如果可能的话,可以使用现在的安全壳贯穿件(如用于安全壳压力测试的贯穿件)。西屋电气公司提出了一套完整的 DFM 系统的非能动装置,可通过打开两个安全壳隔离阀手动启动系统。此外,还可以在某一确定的安全壳压力下通过爆破阀被动启动排放。非能动系统规定,其能够在负压下保护安全壳管道。

因此,即使在长期运行的情况下,DFM 也不需要任何外部电源。

1) DFM 系统配置

由于模块化的设计,DFM 系统会有不同的配置。根据气溶胶过滤器的位置,DFM 系统通常有两种配置:

(1) 安全壳内的配置(气溶胶过滤器在安全壳内及碘过滤器在安全壳外);

(2) 安全壳外的配置(气溶胶过滤器和碘过滤器在安全壳外)。

DFM 系统为一个紧凑的模块化的系统,允许一个过滤单元及几个过滤模块灵活安装,其可以安装在既有建筑的外部或者顶部,如辅助厂房。如果可用空间有限,即可用小尺寸的过滤模块,安装更具有灵活性。

图 B-2 提供了 DFM 系统安全壳的内部配置的原理概述。气溶胶过滤器装在安全壳内,而碘过滤器安装在安全壳外部,大部分在现有的辅助厂房中。

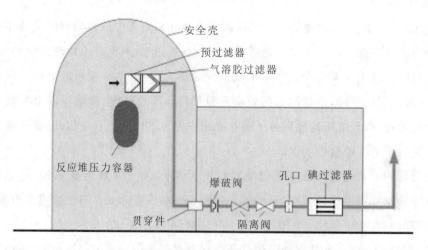

图 B-2 安全壳内过滤排放的干式过滤器及气溶胶过滤器示意图

在设计的配置中,气溶胶过滤器由几个模块组成,这些模块以平行的方式连接,但是可以独立地安置在安全壳内部。通常情况下,在大型的德国压水堆中,安装 3 个气溶胶过滤器模块。

排放气流首先通过气溶胶过滤模块,由管道离开安全壳,穿过一个安全壳贯穿件,然后通过碘过滤器,最终通过一个专门的排放烟囱,净化了的气体被释放到环境中。在这个配置中,膨胀孔板位于安全壳隔离阀的下游,在碘过滤器的前面。图 B-2 还显示了备用操作期间通过爆破阀和两个常开隔离阀对系统进行被动驱动的配置。

安全壳内部设计的一个主要优点是通过气溶胶过滤器将长寿命的放射性微粒留存在安全壳中,在这个配置中,不需要额外配备气溶胶屏蔽建筑。

在安全壳的外部配置中,气溶胶过滤器安置在安全壳的外部。气溶胶过滤器和碘过滤器可以结合到一个共同的厂房中,安装在现有的建筑、新的专用建筑内,甚至可以安装在标准集装箱内的任何现有建筑之外。

对于安全壳的外部配置,气溶胶过滤器和碘过滤器主要集成在一个组合过滤装置之中。在这个过滤装置之中,排放气流首先通过气溶胶过滤模块,然后通过碘过滤器模块。这种过滤器模块紧凑、全金属的、抗震性好。

2) 安全壳过滤排放系统的关键设计方面

在过滤排放系统中要考虑的相关参数是,在预计的气溶胶负载及由排放气流所携带的颗粒的大小分布情况下,过滤排放系统避免过滤器堵塞的能力。

利用独立的第三方测试实验室进行了一系列测试,这些测试覆盖了全范围的微粒尺寸和特性,以及温度和压力条件。例如,用以下气溶胶测试气溶胶负载能力:湿的和干的硫酸钡、硫酸钡和二氧化钛混合物、硫酸钡微粒、氧化锡、氢氧化铯、氧化锌。测试结果证实,对于像二氧化锌这样的物质,DFM 的设计具有足够的裕度来应对排放过程中的气溶胶堵塞问题。DFM 设计中包含了两个预过滤器,在主过滤器之前,预过滤器过滤掉了由排放气流携带的大部分固体微粒。

DFM 的另一个关键的设计是能够处理过滤垫上的裂变产物热负荷,过滤垫留存气溶胶,沸石留存气态碘。在德国电站的现有系统中,其设计热负载是相当低的,已经做了额外的测试且改变了过滤器外壳设计,以增强系统应对裂变产物负载的能力。由于这些变化,目前过滤模块能够应对大多数的压水堆的裂变产物负载,同时保持合理的结构。

B.1.4 DFM 西屋排放系统的优点

DFM 有一些显著的优势:

(1) 具有较高的过滤效率。在测试中获得的标准留存效率对气溶胶来说大于 99.99%(DF>10 000),对分子碘来说大于 99.9%(DF>1000),对有机碘来说大于 97.5%(DF>40)。根据需要,可通过改变沸石过滤器,使气态碘的留存效率增大或者减小。

(2) 安全壳内气溶胶过滤器的配置具有明显的益处,所有难挥发的放射性气溶胶被直接留存在安全壳中。

（3）系统的安全正常运行，既不需要应急交流电或者直流电，也不需要任何辅助系统。通过过滤器的自然对流，由冷却系统带出 DFM 系统的衰变热。因此，DFM 系统能够完全以非能动方式长时间地运行。

（4）DFM 系统几乎不需要维护，不需要化学控制、供暖系统和水补给系统。过滤系统需要的定期测试是非常有限的（以小样本每四年进行一次系统泄漏测试和每五年进行一次沸石效率测试）。因为安全壳隔离阀是安全壳的一部分，所以其必须根据安全壳的要求进行检查和测试（尤其是每年一次的功能性测试）。

（5）DFM 采用灵活的模块化设计结构。气溶胶过滤器既可以安置在反应堆压力容器内也可以安置在反应堆压力容器外，而且在大多数情况下，所有的过滤器模块都能够适应特殊位置处的空间限制。可以在当前空间和厂房中安装过滤器，因为过滤器外壳是螺栓结构，能够在现场组装。此外，过滤器能够安置在一个新的厂房或者输运容器外。DFM 系统具有简单而又可靠的金属结构，能够满足严格的地震要求。

（6）对于潜在氢气燃爆，DFM 系统，尤其是安全壳内部配置，使惰性蒸汽气体混合物聚集的可能性降低，使氢爆炸的风险最小化。

B.2　FILTRA-MVSS 洗涤器系统

B.2.1　工作原理与关键组件

FILTRA-MVSS 文丘里洗涤器单元是湿式安全壳过滤排放系统，它使用多文丘里洗涤器使排放气流和洗涤媒质之间形成相互作用，以非常高效的方式移除气溶胶和气态碘。FILTRA-MVSS 文丘里洗涤器由西屋电气公司和阿尔斯通公司共同研制，其设计基于安装于所有运行的瑞典核电站及瑞士玛荷南博格沸水堆核电站上的设计。气溶胶基本上由悬浮的洗涤媒质捕获，通过添加到洗涤器水中的物质的化学反应，移除气态碘。硫代硫酸钠用于捕获分子碘和有机碘。碳酸钠用于控制酸碱度值。

在单独的文丘里管中，带有微粒的排放气流在孔喉处被加速，而洗涤媒质在文丘里管孔喉处被细化成雾滴，这些雾滴在后期阶段在文丘里管中被加速，充当准稳态过滤器以捕获气溶胶微粒（惯性颗粒分离）。

文丘里管是以一个独特的布置方式组织的。这种结构提供与总流量无关的恒定去污因子。这种创新的文丘里管顶端设计在图 B-3 中展示，作为技术创新被授予享有极高声誉的瑞典普尔海姆奖。

除了文丘里管外，FILTRA-MVSS 的压力容器中含有一个汽水分离器，其后是一堆烧结金属纤维过滤器。"Knitmes"类型的汽水分离器位于管道上部区域，收集由气体带入的水滴。汽水分离器的下游安置了烧结金属纤维过滤器，其主要功能是对极小的微粒（<0.8 μm）进行过滤。过滤媒质是由非常好的、短的不锈钢纤维制成的，这些不锈钢纤维被一起烧结，生成非常均匀的、坚固的及多孔的过滤媒质。过滤层结合文丘里系统使过滤效果达到最佳。

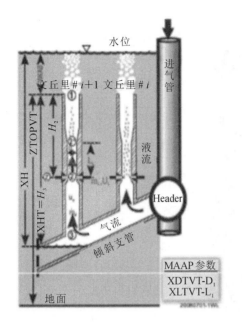 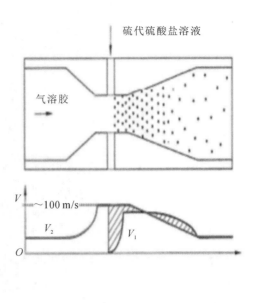

图 B-3　FILTRA-MVSS 的文丘里管及流动分配总管配置

FILTRA-MVSS 既不需要操作员操作也不需要补充水和供电，能够至少运行 24 h。初始非能动阶段的持续时间能够轻易满足核电站的要求，而且还能够适当延长，如通过增大洗涤器的容积。

FILTRA-MVSS 作为一个完整的单元被安置在指定位置，以便于安装。如果现场条件允许的话，FILTRA-MVSS 也能够被分块运送。FILTRA-MVSS 由如下几个部分组成：

（1）压力容器；

（2）文丘里洗涤器系统；

（3）汽水分离器；

（4）烧结金属纤维过滤器；

（5）支撑系统。

压力容器被设计成带有气体进口和出口喷嘴的不锈钢压力容器。连接到辅助系统可进行惰化、补给水供应、排水、周期循环、内部热交换及化学物添加。其还配备水池水位和温度的局部测量设备，以使排放过程能够从控制室进行远程监控。通过检修孔，可以进行管道维修和检查。为进入内部，在水位上方安装了内部平台和梯子。

图 B-4 展示了 FILTRA-MVSS 安全壳过滤通风口的基本设计及主要部件的装配位置。

与安装于瑞典的第一代 FILTRA-MVSS 过滤器相比，图 B-4 所示的第二代 FILTRA-MVSS 需要的结构容积更小。

B.2.2　FILTRA-MVSS 的性能

FILTRA-MVSS 中的文丘里洗涤器能够高效地捕获排放气流中的气溶胶。文丘里洗涤器所能达到的去污因子主要取决于气溶胶的质量中位直径。对于质量中位直径为 1.5 μm

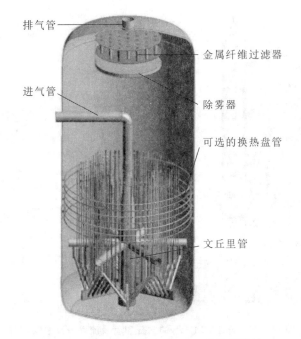

图 B-4　集成的 FILTRA-MVSS 洗涤器模块

的微粒,文丘里洗涤器的去污因子大于1000,从而大大降低了气溶胶负载和相关的衰变热负荷。考虑到洗涤器水池额外的洗涤效果及烧结金属纤维过滤器的高效率,由 FILTRA-MVSS 提供的气溶胶总去污因子高于 10 000。为验证集成系统的性能,相关人员进行了大量测试。

溶解在洗涤器池中的硫代硫酸钠捕获气态分子碘,去污因子超过 10 000,并且有机碘的去污因子大约是原来的两倍。通过在洗涤器单元的下游添加分子筛,分子碘和有机碘的去污因子可以更高。分子筛可以以完整的部分安装在湿式洗涤器的上部,也可以作为单独的模块安装在湿式洗涤器的下游出口处。具体的位置因电站而异。如果分子筛适合的位置远离排放点(如在反应堆厂房中),则设计用于更高排放压力的分子筛较合适。通过降低设计压力来维持气流的排出及进气口气流的充分过热。

B.2.3　FILTRA-MVSS 过滤系统的设计

FILTRA-MVSS 安全壳过滤排放系统通常安装在安全壳外部,在一个独立的厂房中,提供适当的辐射屏蔽。这个系统也可以安装在某个现存的厂房中,以附件形式在有限的空间中进行模块化安装,例如沸水堆安全壳。一些情况下,可以利用现有的普通电站的特点,将文丘里洗涤器调整为非圆形的形式来适应可用的空间。该配置的一个成功案例安装于玛荷南博格沸水堆核电站中。

FILTRA-MVSS 典型的简化系统配置如图 B-5 所示。洗涤器的进口喷嘴连接到安全壳贯穿件上,在 FILTRA-MVSS 进口喷嘴的上游,可以构想一些不同的阀门配置。使用爆破阀能为完全非能动系统激活留出余地。

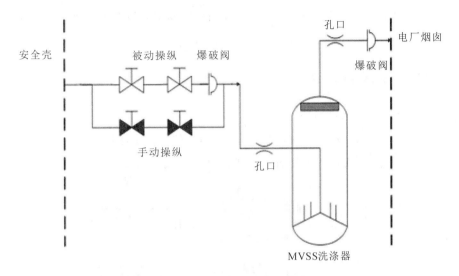

图 B-5　FILTRA-MVSS 文丘里洗涤器简化的系统配置

B.2.4　FILTRA-MVSS 安全壳过滤排放系统的优势

FILTRA-MVSS 提供了许多有吸引力的设计特色,总结如下:

(1) 旨在获得高的过滤效率。在对集成系统进行的大量测试中,得到的代表性的过滤效率是:对气溶胶,高于 99.99%(DF>10 000),对分子碘,通常是 99.99%(DF>10 000),对有机碘,是 50%(DF=2)。如果需要的话,对气态碘,特别是有机碘的过滤效率可以通过添加沸石过滤器得到提升。

(2) 因为独特的、高效的文丘里管设计,气溶胶在第一个过滤步骤中具有高去污因子。由于第一步的高效过滤,在烧结金属纤维过滤器中,气溶胶和衰变热负荷得以最小化,这使得烧结金属纤维过滤器的性能得以优化。

(3) 不管气流通过文丘里洗涤器的流速如何,去污因子始终较高并保持不变。这个系统不需要任何形式的主动控制,因为独特的流动分配头将自动激活所需数量的文丘里管。

(4) 能够轻松处理高浓度气溶胶和高裂变衰变热负荷,因为可以轻松确定洗涤器中的水的量以容纳足以应对任何基本设计工况的洗涤介质。

(5) 具有稳定耐用的抗震设计,非能动洗涤器的所有特别部件都包含在一个压力容器中。

(6) 在系统非能动运行的设计持续时间(通常是 24 h)内,系统安全正常运行,既不需要应急交流电源或者直流电源,也不需要任何辅助系统。

(7) FILTRA-MVSS 的日常维护很少,且运行经验表明,20 年的运行中只需要调整一次硫代硫酸盐和 pH 值的控制。

(8) 适用于目前的轻水反应堆上的各种各样的安全壳过滤要求。对于压水堆运行,在洗涤器的运行期间,待机情况下,系统内的蒸汽惰化将会消除蒸汽凝结问题,从而消除氢气燃爆的问题。

（9）在严重事故后的长期运行中，可用充气和排气操作来处理衰变热移除问题。

（10）在国际测试中得到广泛的认证，如 ACE 测试。

B.3 SVEN 洗涤器系统

B.3.1 工作原理和关键部件

SVEN 是基于烧结金属纤维过滤器分离技术的一种湿式洗涤器系统。在五个连续的步骤中进行气溶胶过滤、气态单质碘及有机碘滞留，如图 B-6 所示。

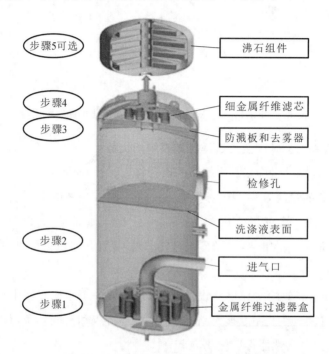

图 B-6 集成的 SVEN 安全壳过滤排放系统

在四个阶段中，微粒气溶胶被过滤。第一阶段，在一个压力容器内，排放气流通过烧结的金属纤维过滤器盒（步骤1），该过滤器淹没在洗涤液中。排放气流迫使流体从岐管和滤筒中流出，排放流中大部分的气溶胶（＞99％）被水下的过滤介质除去，捕获的气溶胶的衰变热由洗涤液去除。然后排放气流通过液体的空腔（在气体和液体之间有大片区域），使带有气溶胶的排放气流被洗涤（步骤2）。洗涤液由硫代硫酸钠和氢氧化钠溶解在富含矿物质的水中形成。在冒泡阶段，通过与硫代硫酸钠溶液的快速化学反应来留存分子碘。在反应中产生的碘离子是溶于水的。氢氧化钠被添加到液体中使 pH 值达到 13。初始阶段提供这么高的 pH 值是为了在排放过程中维持 pH 值在 7 以上，这是防止碘在酸性环境中再次挥发的必要条件。由于电缆燃烧或辐射，排放气流常含有氯，氯形成氯化钠，会降低 pH 值。

在洗涤液的上部，安装了防溅板和一个留存排放气流中水分的去雾器（步骤3）。去雾器设计成织网类型的，一个线的尺寸大约是 $250~\mu m$。织网是一种由不锈钢制成的互锁不对称环构成的编织结构。在去雾器的设计中，来自蒸汽流的液滴通过撞击除去。蒸汽由开放的路径通过网格,较大惯性的液滴沿直线投射,撞击金属丝。当液滴中的气溶胶跟随洗涤空间的气体流动时,去雾器防止气溶胶由于再次悬浮而释放出去。

通过步骤 1、2 和 3,对气溶胶的去污因子已经大于 1000,但是离开洗涤器的排放气流中仍然可能含有少量的细化气溶胶微粒。因此,在 SVEN 水槽的上半部分安装了第二组 HE-PA 额定金属纤维过滤器,捕获质量中位直径为 0.3 μm 的气溶胶微粒(步骤 4)。由精细过滤器过滤的气溶胶的数量很小(通常小于 0.1%)。相应地,由留存的放射性气溶胶产生的相关的衰变热也是很少的。通过对流将捕获的气溶胶所产生的衰变热除去。

在冒泡阶段,对有机碘的过滤效率一般,大约为 50%(DF≈2)。因此从 SVEN 排出的气体中可能含有少量的有机碘(CH_3I)。为了保证有机碘的去污因子,可选择由浸渍银的沸石珠子组成的分子筛。分子筛床封装在 SVEN 水槽下游的一个单独外壳中(步骤 5)。根据运行状况,西屋电气公司提供了两个可供选择的分子筛设计。分子筛既可以以集成的方式安置在湿式洗涤器的顶部,也可以作为一个单独的模块安置在湿式洗涤器下游出口处。确切的位置因电站而异。如果合适的位置远离排放点(如在反应堆厂房中),则设计用于更高排放压力的分子筛较合适。通过降低设计压力来维持气流的排出及进气口气流的充分过热。

SVEN 的设计适用于导致全部气溶胶沉积的情形,相应的每个 SVEN 单元产生的衰变热达到 500 kW。过滤介质相对于罐内蒸汽温度的温升应小于 10 ℃,这意味着过滤介质温度远低于氢氧化铯的熔化温度(342 ℃)。

SVEN 在最初的 24 h 运行中,既不需要操作员操作也不需要补充水和供电。这段初始非能动阶段的持续时间能够满足核电站的需求,而且这个时间能够延长,例如通过增大洗涤器容积。

SVEN 可以以一个完整的单元送到现场,便于安装。如果当地条件允许的话,SVEN 也可以分成几部分交付。SVEN 由以下几个部分组成:

(1) 压力容器;

(2) 金属纤维过滤器滤筒;

(3) 汽水分离器;

(4) 支撑系统。

压力容器设计成带有气体进口和出口喷嘴的不锈钢压力容器。此外,连接到辅助系统可进行惰化、补给水供应、排水、周期循环、内部热交换和化学物添加。其还配备水池水位和温度的局部测量设备,以使排放过程能够从控制室进行远程监控。通过检修孔,可进行管道维修和检查。为进入内部,在水位上方安装了内部平台和梯子。

B.3.2 SVEN 的性能

1)洗涤器效率

使用图 B-7 所示的加压试验平台对 SVEN 洗涤器系统进行了大量的验证测试。在容器的较低部位,安装了一个尺寸偏小的水下金属纤维过滤器滤筒。在容器的较高部位,安装了一个去雾器和较小尺寸的细金属纤维过滤器滤筒。空气或者蒸汽给容器提供压力,在试验平台的各个位置记录气流的温度和压力。

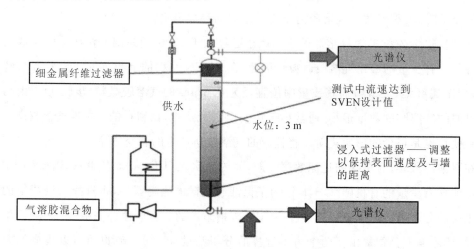

图 B-7　SVEN 的集成气溶胶测试平台

为了验证过滤器的效率,一定浓度的质量中位直径为 0.3 μm 的硫酸钡气溶胶被添加到气流中,提供给过滤器。对水下金属纤维过滤器来说,最低保证的留存效率是 99.9%(DF=1000)。在 0.3 μm 条件下测试过滤器的性能可确保过滤器也能够对大一些的微粒(如质量中位直径为 0.5 μm 的颗粒)进行有效的过滤。一系列气溶胶尺寸的测试已经证实,在各种排气情况下,整个系统的综合去污因子都可以达到甚至超过 10 000。

为了确定在留存分子碘时硫代硫酸钠的有效性,通过冒泡已经做了几个初步测试。在测试设置中,气体由一个洞口尺寸为 8 mm 的分离器排出。测试中所有的去污因子值均大于 3000。SVEN 水下金属纤维过滤器有极小尺寸的气孔,因此初始气泡将较小,导致表面积/体积比较大。碘和硫代硫酸盐的化学反应是很快的,因此分子碘的去除受到气体和洗涤液之间界面扩散速率的限制。较小的初始气泡和较大的界面面积可增大留存速率。因此,初步的气泡测试结果为 SVEN 中的分子碘提供的去污因子值偏保守。在类似于图 B-7 的测试平台上进行了大量的大规模测试,用于确认元素碘的预期的去污因子值。

2)分子筛的效率

有机碘模块的过滤效率取决于露点的距离和排放气流在沸石床的留存时间。基于具体的安装条件,根据所选的去污因子(通常是 50)定制设计。为了鉴定将要用于 SVEN 分子筛模块的特定沸石批次,进行了几个鉴定测试。在不同的空气/蒸汽混合物及不同的过热值条件下进行沸石材料的测试,确定不同留存时间下的留存效率。

B.3.3　SVEN 过滤器系统设计

SVEN 是一个紧凑型装置,封装于不锈钢槽中,通过安全壳排放管连接到主要的安全壳管道上。尽管其通常安置于单独厂房的安全壳外面,提供适当的辐射屏蔽,但也能够安装于一个合适的现有厂房中,在有限的空间中以模块化的形式进行安装,如沸水堆安全壳。

SVEN 典型的简化系统配置如图 B-8 所示,这是一种非能动设计。洗涤器进口喷嘴连接到一个安全壳贯穿件上,在 SVEN 进口喷嘴的上游,可构想一些不同的阀门配置。建议安装一个含有爆破阀的平行激活管道,以允许完全非能动启动系统。

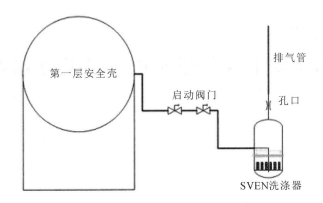

图 B-8 SVEN 洗涤器简化的系统配置

B.3.4 SVEN 安全壳过滤排放系统的优点

SVEN 提供了一些有吸引力的设计特色,总结如下:

(1)旨在获得高的过滤效率。在对集成系统进行的大量测试中,获得的过滤效率是:对气溶胶是高于 99.99%(DF>10 000),对于分子碘,通常预计的过滤效率大于 99.99%(DF>10 000)。根据核电站的要求,使用西屋电气公司的沸石模块,有机碘的留存效率通常对应 DF=50。

(2)由于采用了高效的金属纤维过滤器滤筒,因此在第一个过滤步骤中对气溶胶就有高的去污因子。由于第一步的高效过滤,在第二套 HEPA 级金属纤维过滤器上,气溶胶和衰变热得以最小化,从而获得最优性能。

(3)流动稳定性及膨胀性能已被证实,其致使在所有的排放状况下,去污因子都稳定。

(4)由于易于测量洗涤器中的水,因此可处理较高浓度的气溶胶和较大的裂变衰变热负荷。

(5)稳定的抗震设计,非能动洗涤器操作的所有特别部件都包含在一个单一的压力容器中。

(6)在设计的非能动运行时间(通常是 24 h)内,系统正常安全运行,既不需要应急交流电源和直流电源,也不需要任何辅助系统。

(7)由于设计简单,坚固耐用,SVEN 系统所需的日常维护很少。西屋电气公司的 FIL-TRA-MVSS 的运行经验表明,每运行 20 年只需要调整一次硫代硫酸钠和 pH 值的控制。

(8)适用于目前的轻水反应堆上的各种各样的安全壳过滤要求。对于压水堆运行,洗涤器运行期间,在待机的情况下,系统内的蒸汽惰化将会消除蒸汽凝结问题,从而消除氢气燃爆的问题。

(9)在严重事故后的长期运行中,可用充气和排气操作来处理衰变热的移除问题。

附录 C
CCI 安全壳过滤排放系统的技术说明

C.1　总论

CCI 排放系统的最初设计是用来处理瑞士联邦核安全检查委员会(ENSI,原 HSK)在相关文献中所提到的状况。其目的是在严重事故中,在较短时间内降低安全壳内的压力,同时,通过产生可靠的、可持续的及可再生的高去污因子限制气态物质和气溶胶的释放。

安装于瑞士核电站中的 CCI 系统被设计成可在指定的条件下达到表 C-1 所示的去污因子。

表 C-1　安装于瑞士核电站上的 CCI 系统可达到的去污因子及 ENSI 要求

产　　物	安装的 CCI 系统（Ⅰ代）	ENSI 要求
气溶胶	>10 000	≥1000
分子碘	>300	≥100
有机碘	约 5	—

如表 C-1 所示,CCI 系统对气溶胶、分子碘和有机碘的去污因子远高于 ENSI 所要求的值。必须指出,这些系统都属于第一代过滤器,在这个过滤器中,使用了硫代硫酸钠化学添加剂。为进一步减少碘的释放,通过带有化学添加剂的水槽升级这些系统,提高碘的去污因子,由此得到第二代过滤器。

C.2　CCI 安全壳过滤排放系统的描述

C.2.1　安全壳过滤排放系统概念的一般性描述

CCI 安全壳过滤排放系统如图 C-1 所示。

系统组成如下:

(1) 安全壳内的进口栅栏,目的是避免大的碎片进入进口管中;

(2) 安全壳贯穿件和过滤管道之间的进口管,包括安全壳隔离阀;

(3) 过滤管道及其内部部件;

(4) 清洁气体管道;

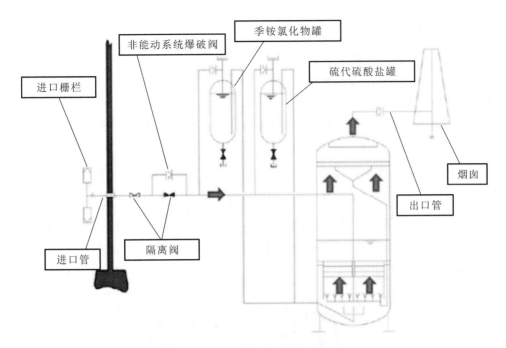

图 C-1　CCI 安全壳过滤排放系统简图

（5）辅助系统；仪器及控制系统。

C.2.2　安全壳过滤排放系统主要部件的描述

1）安全壳排放过滤池及其内部

CCI 安全壳排放过滤容器（见图 C-2）由带有三级过滤系统的不锈钢容器组成。

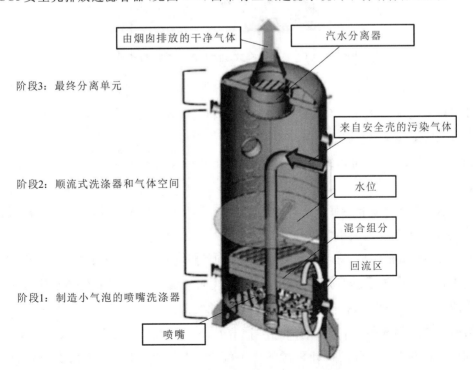

图 C-2　CCI 安全壳排放过滤容器

（1）阶段1：湿式洗涤器的水池部分；

（2）阶段2：在湿式洗涤器上方的混合元件、再循环区和气体空间；

（3）阶段3：由三级汽水分离器组成的分离单元。

阶段1：湿式洗涤器

湿式洗涤器用于高效地留存来自安全壳的废气及其所携带的悬浮微粒。它的设计基于空气升力反应堆系统，其运行原理简要介绍如下。

来自安全壳的被污染的气体流经入口管道，通过安装于竖板上的大量喷嘴，这些喷嘴被由容器壁和竖板组成的环形区域所包围（见图C-3）。气体推动水向上，从而在竖板（向上方向）和环带（向下方向）之间形成了一个水循环。这样的运动使气泡越来越大。持续的气泡回流增加了气泡留存时间，从而提高了溶解在气泡中的气体和进入水池中的微粒的总传质，产生了高的去污因子。

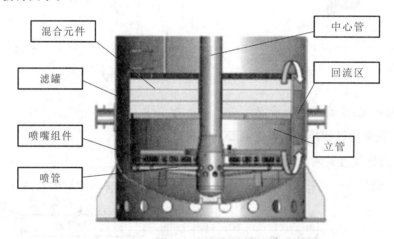

图 C-3　CCI 安全壳排放过滤容器的湿式洗涤器

对阶段1中几个部件，如气体喷射器系统和混合元件的简要描述如下：

喷射器系统由大量的喷嘴组成。喷嘴的大小和数量取决于在一个合理的时间内以合理的方式降低安全壳压力所需的流量。

如图 C-4 所示，每个冲击式喷嘴都配备有一个孔口及用来分解气体射流的气体射流偏转器。

气体射流偏转器安装在每个孔口的上方，由三个圆形冲击板组成。每个冲击板的中心有个洞，这些洞有特定的大小。

对于板块之间的距离，第一个板块和孔口之间的距离及板的洞口尺寸是最佳化的，来最大化湍流流动。湍流及化学物质的作用，改变了气泡的表面张力，导致气体射流分裂，形成非常小的气泡。该系统适用于高压力比和低压力比的情况。

第一级的上部有三层结构组件，叫作"混合元件"（见图 C-5），其也广泛用于化工行业的蒸馏中。这些混合元件的设计再次强化了湍流，因此进一步使气泡破裂，形成更小的气泡。

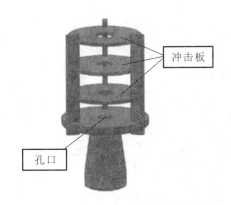

图 C-4　CCI 安全壳排放过滤容器冲击式喷嘴

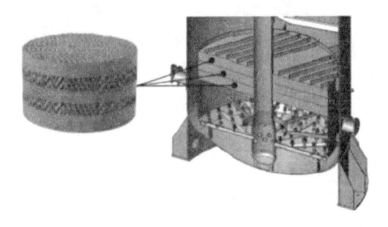

图 C-5　混合元件

为了避免由于捕获碎片导致发生堵塞情况,混合元件配备宽开口。

冒口尺寸(直径和长度)、环横截面积及在立管出口处的水池高度被设计成能够使气体流率和水流速足够高,从而提升微粒和受污染蒸汽中的溶解气体成分的传质效率,不凝结气体进入过滤容器的水储存器中。

阶段 2:水池上方的气体空间

气体空间是为了适应由于蒸汽凝结导致的水位上升,这个发生在排放的初始阶段。此外,由于其具有自然过滤能力,这个空间有助于增强过滤器性能。事实上,由于气体流速是相对较低的,气泡在水表面破裂产生更大的液滴,落到水中,因此没有进入最后的分离单元。

阶段 3:汽水分离单元

最后的汽水分离单元的目的是除去所有大小的液滴(这些液滴可能由水表面的气泡破裂产生)和气流中的残余气溶胶微粒(见图 C-6)。

汽水分离单元含有三个特殊的部件,这些部件迫使气流转变 180°。第一个混合成分组件用于留存大的液滴,如前所述,这些液滴可能落到水池中。由于在第二个单元部件中气体流速相对较高,因此可以通过不同尺寸的颗粒留存小的液滴和微粒。第三个单元部件留存

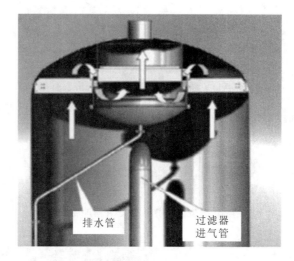

图 C-6　汽水分离单元

剩余的所有种类的液滴。

与微粒分离的水收集在水汽分离器的底部,排到湿式洗涤器所在部分。

2）过滤水的 pH 值控制及化学添加剂

第二代安全壳过滤排放系统的主要特点简要描述如下。

过滤容器中使用去离子水。

在调试阶段,两种不同的化学添加剂添加到过滤容器的水中:

（1）氢氧化钠（NaOH）,其作用是维持溶液的高 pH 值,以达到高碘分解率;

（2）硫代硫酸钠（$Na_2S_2O_3$）,其作用是减少分子碘和有机碘,从而提高它们的留存效率。

此外,另一种化学添加剂——季铵氯化物,存储在一个单独的容器中,在开启排放时添加到溶液中。

季铵氯化物是一种相转移催化剂,旨在提高有机碘的分解率,可以提高对碘的去污因子。这个容器部分充满气体,气体空间通过管道连接到入口管道。

连接管中没有任何有源元件,如阀门或者泵。排放开启时,入口管道中的压力增大,季铵氯化物被注入入口管道之中。季铵氯化物槽的填充和排空连接管道是密封的,以防意外打开。必须指出的是,化学添加剂的量、容器和添加槽的大小取决于具体位置和具体规范。至少应该有足够的液体来实现所谓的"自给自足时间"的需要,其通常定义为 24 h。

3）仪器

在待机和排放阶段,在过滤器厂房的控制室用专门的设备监控系统的状态（压力、水位和温度）。

所有的设备和可视器被视为无源系统,并且运行不需要电力。这些设备没有配备记录器,因为通常不需要传送数据到主控室或者应急控制室。因此,这些设备与现在的电站设备没有相互联系。

局部控制室的指示如下：

（1）过滤容器中的水位：在待机阶段的周期检查中，过滤容器中的水位由操作员检查。在安全壳排放阶段，水位的指示构成了向过滤容器注水的基础。

（2）压力测量：在容器的不同部位由三个设备监视压力。如：

① PI-1　在排放阶段显示过滤器进口管的压力；

② PI-2　显示过滤容器下部的压力，也可作为水位指示的冗余；

③ PI-3　显示隔离阀、爆破阀前的压力。

（3）过滤容器中的水温：应有显示水温的设备。

4）辅助系统

以下辅助系统应用于不同的阶段。

（1）地面加注系统：在待机阶段及在自给自足时间后的排放阶段，其能够再次补足水。如果水位下降到低于下限，管道连接到外部供水以再次填充过滤容器。

（2）排水的管道连接：在排放开启后，过滤容器对废物进行处理。

C.3　排放操作

在严重事故情况下，唯一需要将安全壳过滤排放系统投入运行的情况是安全壳隔离阀手动开启，这个用于开启安全壳排放。在达到所需的安全壳压力后，安全壳隔离阀能够关闭，并且在安全壳压力再次上升时，安全壳隔离阀能够再次打开。因此这个系统也适用于多次排放。如果水位低于临界水位，在自动运行之后，需要再次补充水。从受屏蔽的本地控制室手动打开专门的阀门可以实现这样的操作。

C.3.1　过滤过程

1）气溶胶去除

整个气溶胶去除过程取决于热工水力条件、气泡流体力学和内部构件的几何结构。总气溶胶的留存大部分发生在阶段 1 的喷嘴部位。

下面的现象有助于阶段 1 区域下部的气溶胶去除：

（1）在膨胀的喷嘴区域，由于孔口的作用，含有气溶胶的气体流速达到很高，这个导致压力大幅下降。在孔板出口处的气体与周围的水相互作用，建立两相流。由于两相流和集合物之间的流速不同，气体和水之间的质能交换达到最大。

（2）在扰流板区域，两相流撞到扰流板，流体的一部分从扰流板偏转，离开主蒸汽流，从而被擦洗。此外，由于这个的影响，气泡变小，它们的界面面积增大，增强了气溶胶的留存。两相流混合物的剩余部分继续流动，穿过洞口。由于在整个阶段 1 中建立了循环，这个过程重复多次，从而能够清除掉气体中大量的气溶胶。

（3）由于冷凝引起的扩散电泳力，开始时气溶胶的净化得以加强。在排放过程开始时，水池与不凝结气体和蒸汽的混合物之间的温差足以引起冷凝。然而，水温快速增加到一定程度,使扩散电泳可忽略不计。

在保罗·谢尔研究院,科学家们就一些不同的状况条件(如流量、浸没条件、粒子大小)做了气溶胶移除试验。气体冲击固体微粒大小为 $1\sim3~\mu m$ 的小浸没面积时,试验证实留存效率大于 99%。因此,在过滤器设计中,大的撞击表面,会在这个区域产生好的气溶胶留存效果。

在冲击板和混合组分之间的水池区,是气溶胶留存的第二区域。在这个区域中,微粒的惯性和冷凝驱动的保留会影响洗涤过程。

在留存的过程中,水位起到重要的作用,因为水位越高,微粒的留存时间就越长,留存效率也就越高。由水的速度产生的牵拉力及由气泡产生的浮力是增加气泡在水中留存时间的关键因素。

由于在立管和圆环之间的区域的循环,气泡的停留时间延长,相当于水柱的高度增加了几米。因此,由于气泡停留时间延长,气溶胶留存效果大大增强。

混合组分区域代表阶段 1 的最后一个区域。在这个区域,气泡进入混合元件结构中,并被迫遵循所谓的"之字形"运动。气泡穿过这些元件之间的狭窄空间,有利于进一步清除剩下的微粒和气态物质。事实上,混合成分的设计特殊,加强了水流扰动,使得大气泡破裂成小的气泡。这就导致了大的表面积/体积比,这对于高效的传质以去除气溶胶和气态物质是必需的。

当气泡在水面破裂时,会产生相对较大的水滴,其中含有活性溶解裂变产物。但是,这些水滴又落回水池,因为水池上方的气体流速低。小的水滴进一步移动到最终分离单元,在汽水分离器中,水滴从气体流中分离出来,流回水池之中。

必须指出,过滤器中建立的水动力条件对排放开始时的压力不敏感。

2)碘去除机制

在严重事故中,大量的放射性碘以气态和气溶胶形式释放到安全壳气体中。放射性碘的气溶胶形式以金属碘化物为代表,如碘化铯和碘化银。可使用其他类型气溶胶的移除方法进行金属碘化物的移除,其他的裂变产物或者结构化材料以颗粒形式出现。

此外,除了碘化银,大部分的金属碘化物溶于水,可能形成碘离子或者自由基,它们被氧化,会形成不稳定的碘。

释放的气态碘的数量可能十分重要,它取决于许多参数和复杂的化学反应,即释放物质的组成成分、气体组成、热力学参数和碘反应动力学。

此外,发生于安全壳气体、水池及安全壳内部表面的化学反应可能改变初始碘的种类及在气体和水中随时间变化的碘浓度。

分子碘(I_2)和有机碘(RI)是最重要的挥发性物质。有机碘依据其分子结构分为低相对分子质量或高相对分子质量类型或者两者的混合,其中以低相对分子质量有机碘为主。特别是,甲基碘(CH_3I)是挥发性最强的有机物,是严重事故中安全壳内有机碘的最大组成部分,正如在 20 世纪 90 年代早期,加拿大原子能有限公司在国际先进安全壳试验项目中进行的放射性核素测试设备试验中所出现的那样。

在 CCI 过滤系统中,用不同的过程过滤气态形式的碘。

(1)质量转移不仅在气溶胶移除方面起到了关键性的作用,而且在碘和甲基碘的洗涤中起到了重要的作用,主要原因是气泡-水界面两边边界层处的浓度梯度的作用;

(2)蒸汽凝结速率;

(3)在气泡和水中,气态物质的扩散速率;

(4)这些物质的分配系数。

从气泡转移到水中的质量组分总量与气泡留存在水池中的时间直接相关。如上所述,混合元件及回流区域确保了气泡在 CCI 安全壳过滤排放系统水池中的长时间留存。

与去除气溶胶类似,在系统的第一个区域中,大量的气态分子碘和甲基碘被去除,这个部位在孔板出口与气体射流偏转器以上几厘米处。在这个区域中,去除是因为:

(1)水滴清洗气态碘;

(2)通过质量传递强化蒸汽凝结;

(3)在气体射流偏转器处,由于气体射流/气泡的连续撞击产生的大湍流。

在第二区域,当气泡上升时,气泡分散到水中。在这个阶段,控制参数为:

(1)独立的分配系数;

(2)气泡表面积及其在水中的浓度;

(3)在这个区域中的气泡大小和气泡上升时间。

在第三区域,通过混合元件对相关物质进行去除,这些混合元件专门用来高效吸收气泡的可溶解气体成分。像之前解释的那样,通过圆环,气泡-水循环在水池中有较长的留存时间,只要水池中的分子碘浓度和甲基碘浓度比气泡中的低,就能非常有效地去除气态物质。

如上所述,必须确保水中的气态物质的低浓度来实现高传质速率,从而在任何时候都能最大化气泡和水之间的浓度梯度。

通过减少分子碘以及在水中以最快方式将甲基碘分解成没有挥发性的碘离子,来确保甲基碘在气泡在水池中的留存时间内被去除。用硫代硫酸钠可使溶解的碘和甲基碘被快速分解成没有挥发性的碘离子。硫代硫酸钠添加到水中可提高 pH 值,其与甲基碘和碘的反应是非常高效、快速的。

总之,挥发性碘的有效净化取决于气泡留存时间长度、传质速率和液相时的分解反应。

在辐射条件下,为了加强甲基碘的分解,水溶液中添加了催化剂季铵氯化物(Aliquat® 336)。在所有预期的情况下(由低到高的水温、由低到高的 pH 值、由低到高的甲基碘浓度、由低到高的碘浓度、辐照等),这些混合物能快速地从气泡中去除甲基碘和碘。除了进行物质去除外,在所有预期情况下,还可抑制热分解和辐解的挥发性物质生成。使用这个方法对气溶胶和其他溶解裂变产物的去除没有不利影响。

C.3.2 基于现有数据的预期去污因子

为了增加气溶胶、分子碘和有机碘的留存,在 20 年间研究人员做了广泛的相关试验。在设备正常运行的试验活动中得到表 C-2 所示的去污因子。

表 C-2 第二代安全壳过滤排放系统预期的去污因子

产　物	CCI 过滤器系统
气溶胶	>10 000
分子碘	>2000
有机碘	>1000

C.4 CCI 安全壳过滤排放系统参考

在严格的规章制度下,CCI 安全壳过滤排放系统已被瑞士当局审查并许可,目前已被安装在瑞士的三个核电站中。

附录 D
阿海珐公司的组合式文丘里洗涤器安全壳过滤排放系统的技术说明

阿海珐公司提供了两种不同类型的组合式文丘里洗涤器系统：

(1) 由两个主要的留存阶段组成的标准的安全壳过滤排放系统；

(2) 由三个主要的留存阶段组成的安全壳过滤排放系统,增强其对碘的留存能力。

D.1 阿海珐公司标准的安全壳过滤排放系统介绍

阿海珐公司标准的安全壳过滤排放系统包含一个文丘里洗涤器单元(见图 D-1 和图 D-2),由文丘里洗涤器部分、组合式液滴分离器、金属纤维过滤器部分(湿/干深床过滤器)及用于滑压过程的节流孔板组成(见图 D-3)。

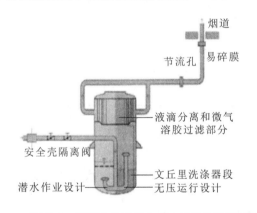

图 D-1   阿海珐公司组合式文丘里洗涤器安全壳过滤排放系统标准方案

安装后的文丘里洗涤器单元通过排放管道和隔离阀使一端连接到安全壳,另一端通过配备有节流孔板的管道连接到排放管。通过开启安全壳隔离阀,当安全壳达到相关排放压力时,安全壳过滤排放系统会被开启。当达到预期压力后,关闭安全壳隔离阀中的一个,可切断排放过程。

文丘里洗涤器部分在压力接近限定压力时开始运行。进入文丘里洗涤器的排出气流通过大量的水下文丘里喷嘴注入水池之中。随着含有气溶胶和碘的排放气流穿过文丘里管喷嘴的喉部,排放速率被加到很高,使洗涤液有效进入文丘里管的喉部。

由于洗涤液的洗涤和扩散,在文丘里喷嘴处产生了较大的反应表面,从而产生了对碘的额外吸附效果。为了最有效地留存碘,洗涤液中加有苛性钠和其他添加剂。

图 D-2　标准化的安全壳过滤排放系统安装示例

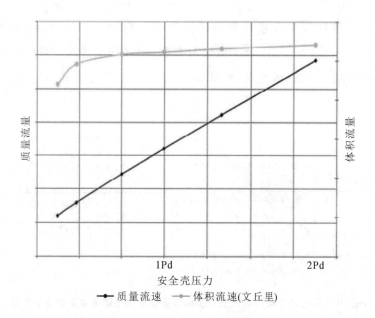

图 D-3　高速滑压过程——在排放阶段,质量流速与体积流速的比较

译者注:Pd 指设计压力。

　　根据排放气体的高速度以及洗涤液和进入的排放气体之间的巨大速度差,超过99.5%的气溶胶被留存在水池之中,包括尺寸小于 $0.5~\mu m$ 的细化气溶胶(见图 D-3)。排放气体离开水池后仍然含有少量的难以留存的极小气溶胶和来自水池的水滴。

　　为了在长的运行时间内保证高的留存效率,安装了高效过滤液滴分离器和干式操作金属纤维过滤器,作为第二个过滤阶段。金属纤维过滤器被安置在管道的上部垂直区域,以获得大的过滤表面积并优化过滤速度。

　　由于大部分气溶胶在洗涤池中被去除,金属纤维过滤器的热负荷和气溶胶负荷达到最小,从而可以避免堵塞。洗涤液的蒸发可确保在系统运行期间及下一阶段的衰变热得以留存。

根据在过滤排线管处的截留孔板的相关要求,文丘里洗涤器在压力接近正常的安全壳压力水平时以非能动的方式运行。滑压模式和特定的过程设计确保了系统在文丘里洗涤器阶段高速运行,并且在金属纤维过滤器阶段以有限速率运行,以使系统的功能得以最优化。

因此,当系统在低于设计压力下启动时,如在较高的安全壳压力(2 倍设计压力)下系统启动延迟,质量流量将会进一步增大。然而,由于滑压过程(见图 D-3)中留存阶段的运行速度保持在最佳操作条件下,因此能够实现所需的留存效率。在早期排放系统启动的情况下(如设计压力的一半或者更低),也可实现最优化的留存操作。

因此阿海珐公司的安全壳过滤排放系统提供了国际上认可的气溶胶留存效率大于99.99%,这也适用于尺寸小于 0.5 μm 的微型气溶胶,在一个大的运行阶段内,对分子碘的总留存效率大于 99%。因此在长时间的系统运行中,高速文丘里洗涤器运行的独特特点与高效金属纤维过滤器的结合使系统得以可靠运行。

D.2 阿海珐公司 FCVS PLUS 的描述

在堆芯熔化事故中,基于对相关因素的观察,有机碘的产生量很大。尽管预期的甲基碘的总量仍然较少,但当气溶胶和分子碘的去污因子很高时,未过滤的有机碘的影响是很大的。最近的研究表明,在严重事故中,安全壳的气体中会产生大量有机碘。因此,显著提高安全壳过滤排放系统对有机碘的留存效率是核能领域目前正在研究的一个很重要的性能优化问题。

阿海珐公司 FCVS PLUS 由现有的安全壳过滤排放系统标准版结合带有集成吸附剂的文丘里洗涤器组成(见图 D-4)。

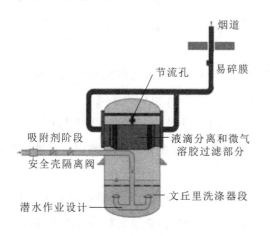

图 D-4　阿海珐公司组合式文丘里洗涤器 FCVS PLUS 概图

在文丘里洗涤器和金属纤维过滤器区域,气体被净化和干燥之后被节流,这个通常被描述为等焓绝热过程。因此虽然下游孔板处温度降低,但气体进入分子筛段合理过热,避免了热量损失。在运行条件下,被动过程确保了分子筛内高的过热温度,从而保证了有机碘的高留存效率。

吸附剂留存阶段的特点是高稳定性。普遍用于工业技术中的分子筛被设计成特定物质的吸附剂,如有机碘。此外,这些吸附剂受中毒效应的影响很小,分子筛过滤器运行于废燃料元素的溶解过程中,例如,用于留存有机碘。

此外,由于组合式工艺,分子筛堵塞的可能性可以被排除。在文丘里洗涤器和金属纤维过滤器阶段,气溶胶和水滴被留存。分子筛完全是由不可燃的材料制成的,能够抵抗高温(>300 ℃)。得益于高的负载能力,其能够留存指定数量的气溶胶。

D.3 性能

阿海珐公司用于安全壳过滤排放的高速滑压过程得到了国际上独立的第三方的认证。此外,所有相关的合格性测试通常都是大规模进行的。对原始高度的工艺段进行了广泛的测试,该段在相关参数方面具有充分的代表性,如文丘里管喷嘴、金属纤维过滤器、液滴分离器、吸收剂部分等的速度。

D.3.1 安全壳过滤排放系统标准版的性能

D.3.1.1 JAVA 试验计划(大范围测试)

为了确定阿海珐安全壳过滤排放系统的总体留存效率,在德国卡尔什太因用大型碘和气溶胶留存效率测试设备进行了一个过程验证测试程序,获得了过滤器对气溶胶和碘的过滤效率及对气溶胶的负载能力。

用 JAVA 测试设备,使用满刻度的文丘里洗涤器,对不同尺寸大小的气溶胶,包括高渗透性的细化气溶胶和碘的留存效率进行测试。测试在以下条件中进行:蒸汽、空气及两者混合物,稳定状态和启动条件,1~10 bar 的压力范围和大范围变化的流速。

此外,将二氧化碳添加到测试气体中来模拟熔融堆芯-混凝土相互作用的情形,研究二氧化碳对洗涤液中碘留存效率的影响。

而且,考虑到用于碘留存的化学添加剂,对洗涤液进行相关的研究和测试以确定其稳定性和可靠性。值得注意的是,洗涤液对气溶胶的留存没有任何负面影响。

水池在饱和水状况下运行,仅仅只有少量水从水池中流失,不需要补充洗涤液。

气溶胶的主要部分(>99%),包括更小的气溶胶,将被留存在洗涤液中。这就意味着只有几千瓦衰变热会进入金属纤维过滤器中。

考虑到金属纤维过滤器面积大,相关热量可通过热传导的方式传输到容器外。此外,气流穿过过滤器时的对流换热允许有更高的衰变热负荷。然而该事实目前未被业界认可。

1)气溶胶的相关结果

测试结果表明,文丘里洗涤器结合金属纤维过滤器,在整个允许范围内,对气溶胶的留存效率大于 99.999%(即使在低的气体流速条件下)。通过全谱分析进行相关气溶胶成分的测试,验证了对这些气溶胶的留存效率。

2)细化气溶胶的相关结果

使用一个完整的测试设备进行性能测试,结果表明对细化气溶胶的留存效率大于99.99%。

这种留存能力适用于尺寸小于 0.5 μm 的极小气溶胶,因此气溶胶的粒度分布变化不会降低其留存效率。使用细化气溶胶进行专门的测试证实了这些细化气溶胶的留存效率。

3)碘/有机碘的相关结果

洗涤池中的水是碱性的,用来留存分子碘,不包括气溶胶。经测试,对分子碘的平均留存效率大于 99.8%。

使用有机碘进行了这个测试,但在这个测试设备中有机碘会作为副产品生成。

因此,在洗涤池中可以观察到对有机碘的留存潜力。

4)再次悬浮/再次挥发的相关结果

此外,由于第二过滤阶段的高效率,即使是可溶的气溶胶,据发现的事实来看其再次挥发的量也是微小的。当运行时间超过 24 h 时,碘的再次挥发量少于 0.1%。

D.3.1.2　ACE-阶段 A(国际计划)

在国际 ACE 计划的框架中,在各个部门、各个研究机构及过滤器专家的参与下,国际社会讨论了相关的要求。他们最终对所有应用的安全壳过滤排放系统制定了标准化的测试条件。这些独立的国际测试,被视作公认的排放认证标准要求和在 JAVA 设备上进行的排放过程认证的补充。

对不同大小的气溶胶进行 ACE 测试,包括高渗透性的细化气溶胶和碘。在 ACE 测试设备中,使用阿海珐公司文丘里洗涤器的一个改进的部分,进行蒸汽/空气混合物(除了排放成分)的标准化测试。

ACE 测试结果表明了不同的干式和湿式过滤设备在留存能力、负载能力和再悬浮影响方面的显著特点(在这项测试中,一些过滤器设计失败,一些未参与测试)。

1)气溶胶的相关结果

在这个测试系列中,湿式洗涤器系统(带有金属纤维过滤器的文丘里洗涤器)对使用的测试气溶胶显示了突出的过滤能力,并且有很高的去污因子。在测试条件下,阿海珐公司安全壳过滤排放系统的去污因子超过 1 000 000。

对于高渗透性的细化气溶胶碎片,使用邻苯二甲酸二辛酯测试后期排放时主要的气溶胶释放情况,去污因子达到 20 000。

2)负载能力

只有组合式的洗涤器系统显示了高的负载能力(由于高气溶胶负载,深床过滤器系统对堵塞十分敏感,这对长期运行中的低流速、低安全壳压力情况很重要)。

3)碘的相关结果

在 JAVA 测试系列中,水池中的洗涤液是碱性的,目的是优化留存效率。可达到以下所要求的去污因子:对颗粒碘的去污因子超过 3 000 000(气溶胶碘),在测试条件下,所有碘元素的去污因子达到 300 000。

4)再次悬浮的相关结果

由于第二阶段(金属纤维过滤器)的高过滤效率,再悬浮率非常低。即使是关键且有代表性的可溶性铯气溶胶,其再悬浮率也很低,24 h 内剩余的气溶胶少于 0.0034%。对于不可溶的气溶胶——比如锰,其再悬浮率比铯明显更低。

没有有效过滤阶段的洗涤器系统,气溶胶的再悬浮率显著更大。

D.3.2 阿海珐 FCVS PLUS 的性能

在阿海珐 FCVS PLUS 的第三留存阶段中含有留存有机碘的高性能吸附剂。

由于分离出了第三留存阶段,前面两个阶段的去污因子不受影响。因此,安全壳过滤排放系统标准版的性能完全适用于 FCVS PLUS。

根据最新的规范及独立的第三方测试,已开始进行分子筛的测试计划(德国技术监督协会(TUV))。

1)吸附剂性能(实验室规模)

TUV 已经被委派进行吸附剂介质的留存试验,来为优化和提高性能提供技术支持。有机碘持续注入蒸汽/空气混合物中,被引导穿过分子筛。在极端条件下,如极低过热、冷凝蒸汽条件、长期运行、放射性老化等,分子筛的性能应被确认,应进一步研究留存时间参数的影响。

2)大规模试验验证(JAVA PLUS)

以前的 JAVA 测试设备已被改进成 JAVA PLUS 测试设备(见图 D-5)。这个测试设备是为了安全壳过滤排放系统的测试专门建造的,包含特殊仪表和过程控制。

图 D-5　计算机模型和 JAVA PLUS 测试设备(德国卡尔什太因)

为了证明相关运行条件下的留存效率,尤其是为了优化过程设计,以及避免不可预测的实验室规模效应的影响,进行了如下测试:

(1) 频繁启动;

(2) 安全壳压力变化下的连续操作;

(3) 气体成分变化;

(4) 其他测试。

组合式的洗涤器容器(原始高度)及注入的质量流量代表的比例系数大约为真正排放系统的1/10(根据需要)。因为单个工艺段集成在原有规模尺寸中,所以能够产生代表性结果。

为了改善实际技术设计并验证FCVS PLUS中补充的有机碘保留段的留存效率,用JAVA PLUS测试设备进行了大规模有机碘留存测试。在具有代表性的工艺段的各种工艺条件下,已经证实了对有机碘的去污因子大于50。

3)TUV 实验室测试和整体大型测试验证试验(JAVA PLUS)的有机碘留存效率比较

比较 JAVA PLUS 大型测试验证试验与 TUV 实验室规模测试,相比从大型测试验证试验获得的去污因子(>50)来说,实验室规模的有机碘去污因子显著更高(10~100)。

观察到的规模效应/因素通常由局部不同的运行条件引起(如速率、温度、扰动、表面反应、化学浓度等),可能由下面的参数引起:

(1) 在大规模的留存单元中,不同的操作状况和流体动力学。

(2) 器壁效应,如由重型机械设计引起(重量、留存设备的壁厚、混合布置限制、过滤和吸附成分,等等)。

(3) 混合物及留存物质的表面传质效应(如影响气泡的大小和质量,反应表面的可及性)。

(4) 复合传热的影响(如冷表面和边界结合局部的低流速可能导致无法预料的缓慢加热过程)。

(5) 污垢的影响(实验室条件不干净)。

(6) 瞬态操作条件(如升温和降温操作条件,包括频繁操作)。

(7) 整个验证过程中所测量因素的综合影响,结合了下面两点:

① 节流/膨胀干燥处理内部被动生成过热焓;

② 如上文所述,真正机械设备的留存(考虑现实的传热效果和瞬态操作条件下的加热和冷却所造成的热损失,包括频繁启动等)。

4)总结

如果简单地将实验室测试结果复制到全尺寸留存设备中,则报告的实验室测试结果可能出现不切实际的高留存因子及操作特性。采用常见的工业实践的原理和方法来进行完整的大规模原型测试(通常在比例系数为1/10的范围内),可提供非常可靠的结果。因此,完整的大规模留存测试的方法可提供可靠的结果,为许可程序奠定良好的基础。

D.3.3 性能总结

阿海珐公司的安全壳过滤排放系统解决方案普遍是符合要求的。为了确定不同的气溶胶特性(如溶解性、吸湿性、密度、气体条件,等等)及最大的直径范围(包括 $0.1~\mu m$ 微粒),在不同的气流和气体含量条件下,对各种各样的气溶胶类型进行了测试。

使用的气溶胶如下:

(1) $BaSO_4$,固体;

(2) Uranine,可溶,细化气溶胶;

(3) SnO_2,固体,细化气溶胶,可能有高、低浓度;

(4) CsI,吸湿,可溶;

(5) MnO,固体;

(6) DOP,固体,细化气溶胶。

此外,对气态碘的留存进行了测试(分子碘和有机碘)。

这些性能是基于最具代表性的大规模的测试得到的。作为扩展,其他独立的第三方测试(ACE 和 TUV)也包括在内。测试结果如表 D-1 所示。

表 D-1　阿海珐组合式文丘里洗涤器的过滤排放系统的大规模测试结果汇总

| 工艺 | 年代 | 测试材料 | 测试条件 | | | 留存效率/(%) |
			压力/bar	温度/℃	蒸汽中的气体组分/(%)	
JAVA	1989—1990	$BaSO_4$	1.6~10	75~192	0~100	99.992~99.999
		SnO_2	1.8~6.1	90~200	0~100	99.997~99.999
		Uranine (荧光素钠)	2~6	98~119	0	99.997~99.999
		气态碘	1.6~10	140~160	30~100	99.0[①]~99.9
ACE	1989—1990	Cs	1.4	145	42	99.9999
		Mn	1.4	145	42	99.9997
		碘 (包括颗粒和气态碘)	1.4	145	42	99.9997
		DOP	1.2~1.7	室温	0	99.978~99.992
JAVA PLUS (只适用于 FCVS PLUS)	2012—2013	气态有机碘	1.5~8	80~170	50~95	>98

注:在严苛条件下测量:非碱性 pH 值,非浸没式文丘里喷嘴。不代表正常操作。

D.4 许可/遵循标准

不同的核电站有不同的要求和标准。

D.5 参考

世界范围内,超过50个安全壳过滤排放系统运用在压水堆、沸水堆和 VVER 能量反应堆核电站中(德国、瑞士、荷兰、芬兰、保加利亚、加拿大、中国、韩国、日本……)。

D.6 主要特点

主要特点可以概括如下:

(1) 捕获的裂变产物的衰变热,其平均值从大于100 kW 到大于1000 kW;

(2) 在长期和短期排放操作中,可靠的放射性留存;

(3) 氢安全(系统设计可以承受的氢燃烧负荷)。

系统在以下方面非常高效:

(1) 受益于高速湿式洗涤技术和最有效的干式金属纤维过滤器的综合优势,中期和长期操作很可靠;

(2) FCVS PLUS 最大的气溶胶的留存效率大于99.99%(DF>10 000),对于分子碘大于99.5%~99.9%(DF>200~1000),对于有机碘大于98%(DF>50);

(3) 对气溶胶和碘具有较大的过剩储存能力,如大于200~500 kg;

(4) 对不同类型和大小的气溶胶和碘,在滑压和温度增加的条件下,可进行完整的过程验证;

(5) 返回安全壳的再循环活动;

(6) 其他。

附录 E
安全壳过滤排放系统在亚洲的情况

在这里我们将介绍亚洲核电站中安全壳过滤排放系统的现状、规划以及研发进展。目前,亚洲是核电快速增长的地区。为了确保核安全,很多监管机构在严重事故管理策略中考虑了安全壳过滤排放系统。这里主要介绍中国、日本、韩国和印度的情况。

E.1 简介

在 2015 年国际原子能机构组织的专题会议中,对经合组织国家安全壳过滤排放系统的信息进行了更新,如表 E-1 所示。

表 E-1　经合组织国家安全壳过滤排放系统现状(2015 年)

国家	核电站	无安全壳过滤排放系统 *	HSSPV	金属＋砂床	DFM	FILTRA-MVSS	SULZER CCI	EFADS
比利时	7 PWR		○					
巴西	3 PWR		○		○			
保加利亚	2 VVER-1000		●					
加拿大	19 PHWR		●		○			●
捷克	4 VVER-440 2 VVER-1000	■						
芬兰	2 VVER-440	■						
	2 BWR		●					
法国	58 PWR			●				
德国	6 PWR		●		●			
	2 BWR		●					
日本	24 PWR		○		○			
	26 BWR		○					

国家	核电站	无安全壳过滤排放系统 *	HSSPV	金属＋砂床	DFM	FILTRA-MVSS	SULZER CCI	EFADS
墨西哥	2 BWR	■						
荷兰	1 PWR		●					
罗马尼亚	2 PHWR		●					
斯洛伐克	4 VVER-400	■						
俄罗斯	6 VVER-440 11 VVER-1000	■						
斯洛文尼亚	1 PWR				●			
韩国	19 PWR	□						
	4 PHWR	□	●					
西班牙	6 PWR		○				○	
	1 BWR	□						
瑞典	3 PWR					●		
	7 BWR					●		
瑞士	3 PWR		●				●	
	2 BWR					●	●	
乌克兰	2 VVER-440 13 VVER-1000	□						
美国	69 PWR	■						
	35 BWR	■						

■无安全壳过滤排放系统　□ 计划但未选定设计　●已安装　○计划

* 没有应对严重事故的安全壳过滤排放系统或计划安装安全壳过滤排放系统但尚未选择设计

表 E-1 的数据来自：IAEA，2015. *Severe Accident Mitigation through Improvements in Filtered Containment Vent Systems and Containment Cooling Strategies for Water Cooled Reactors*，IAEA-TECDOC-1812，978-92-0-153817-8.

E.2　中国

E.2.1　大陆核电站中的安全壳过滤排放系统

提高处理严重事故的能力和改善核安全，是中国核安全战略的重要组成部分之一。中国国家核安全局（NNSA）要求核电站采取多项措施改善电站安全。《核电站设计安全规定》（HAF102）表明了在严重事故条件下确保安全壳结构完整性的必要性。该规定第6.3.4.3节强调了控制严重事故下安全壳中放射性物质泄漏的重要性。此外，第6.7.4节指出，核电站必须具有充分和可靠的过滤排放系统，并且该系统应能够通过过滤效率测试。

表 E-2 总结了目前一些核电站安全壳过滤排放系统的配置。采用法国早期技术的核电站,如大亚湾和岭澳一期核电站,配备了砂床式系统。由于文丘里洗涤器系统拥有多重过滤阶段和增强的过滤效率等优势,大多数核电站都配备了文丘里洗涤器系统,它由文丘里洗涤器和金属纤维过滤器组成,如图 E-1 所示。

表 E-2 大陆核电站中安全壳过滤排放系统的部署

核　电　站	安全壳过滤排放系统	反应堆类型
昌江	文丘里＋金属纤维过滤器	2×CNP650
大亚湾	金属＋砂床	2×M310
防城港机组 1 和 2	文丘里＋金属纤维过滤器	2×CPR1000
防城港机组 3 和 4	文丘里＋金属纤维过滤器	2×HPR1000
方家山	文丘里＋金属纤维过滤器	2×CPR1000
福清机组 1、2、3、4	文丘里＋金属纤维过滤器	4×CNP1000
福清机组 5 和 6	文丘里＋金属纤维过滤器	2×HPR1000
红沿河机组 1、2、3、4	文丘里＋金属纤维过滤器	4×CPR1000
红沿河机组 5 和 6	文丘里＋金属纤维过滤器	2×ACPR1000
岭澳机组 1 和 2	金属＋砂床	2×M310
岭澳机组 3 和 4	文丘里＋金属纤维过滤器	2×CPR1000
宁德	文丘里＋金属纤维过滤器	4×CPR1000
秦山二期	文丘里＋金属纤维过滤器	4×CNP600
田湾机组 5 和 6	文丘里＋金属纤维过滤器	2×CNP1000
田湾机组 1、2、3、4	文丘里＋金属纤维过滤器	4×CPR1000
阳江机组 5 和 6	文丘里＋金属纤维过滤器	2×ACPR1000

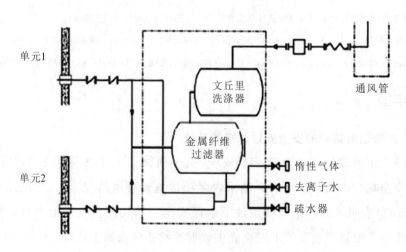

图 E-1 CPR1000 的安全壳过滤排放系统结构

E.2.2 关于安全壳过滤排放系统的研究

在福岛核事故发生后,中国核工业集团有限公司(CNNC)、国家电力投资集团有限公

(SPIC)、中国广核集团有限公司(CGN)等公司以及一些研究机构正在开始或恢复安全壳过滤排放系统研究。CGN 的子公司中广核工程有限公司(CNPEC)与中国船舶集团有限公司(CSIC)合作,开发了基于文丘里洗涤器和金属纤维过滤器的创新型安全壳过滤排放系统,如图 E-2 和图 E-3 所示。过滤系统由文丘里洗涤单元(喷嘴和洗涤液)、挡板脱水单元和金属纤维过滤单元组成。在这样的系统中,文丘里洗涤单元雾化流体并留存大多数气溶胶。元素碘和有机碘与硫代硫酸钠反应,形成稳定的化合物并溶解在液体中。$2\sim100\ \mu m$ 厚的金属纤维层还可以阻挡气溶胶和雾滴。

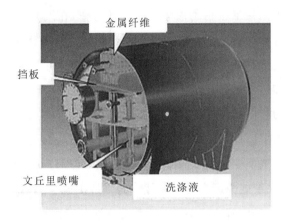

图 E-2　基于文丘里洗涤器和金属纤维过滤器的安全壳过滤排放系统

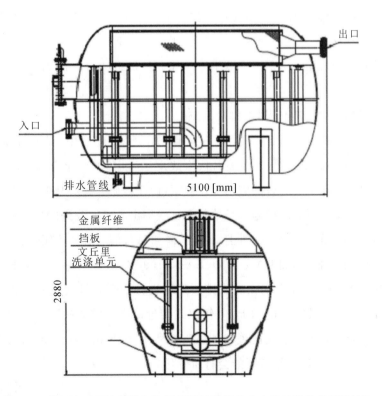

图 E-3　基于文丘里洗涤器和金属纤维过滤器的安全壳过滤排放系统结构

哈尔滨工程大学与中国核电工程有限公司(CNPE)合作,一直以来致力于基于文丘里洗涤器和金属纤维过滤器的安全壳过滤排放系统的设计。该项目已完成,包括安全壳过滤排放系统原型的开发、用于化学处理的洗涤液的创新,以及确认测试的传导。开发的安全壳过滤排放系统技术已通过认证,基于该技术的系统将用于福清5号和6号机组以及田湾5号和6号机组。哈尔滨工程大学与清华大学核能与新能源技术研究院(INET)研究了文丘里洗涤器内的流动现象以及安全壳过滤排放系统中气溶胶和碘种类的采样。据报道,喉部气体速度为200 m/s时,文丘里洗涤器的尘埃颗粒留存效率可以达到99.5%。

上海交通大学与中国核工业集团福建核电公司合作,在严重事故条件下对压水堆安全壳过滤排放系统的减压策略进行了分析。来自同一所大学的研究人员还在国家核安全局的指导下评估了核电站安全系统中安全壳排放的放射性后果,并研究了秦山二期核电站详细的反应堆安全壳减压和过滤过程。

在中国早期典型的核电站设计中,如CPR1000,两个反应堆单元共用一个安全壳过滤排放系统,该系统结构如图E-1所示,具有单机组排放能力。通过操作安全隔离阀,该单个安全壳过滤排放系统可以选择性地用于两个反应堆机组。然而,在极端条件下,例如两个反应堆机组都需要排放时,系统能力就会受到挑战。为了解决这个问题,工程师们对这种情况进行了评估,并提出了一种升级解决方案,为每个反应堆装置配备一个安全壳过滤排放系统。该策略被接受,因此在大多数核电站的每个反应堆单元上都配备了专用的安全壳过滤排放系统。过去几年,几个核电站的安全壳过滤排放系统供应和部署都进行了公开招标,如福清3号和4号机组(2009年)、阳江5号和6号机组(2013年)、红沿河5号和6号机组(2015年)、田湾5号和6号机组(2016年)、漳州1号和2号机组(2017年)、昌江3号和4号机组(2017)等。

E.2.3 台湾地区的安全壳过滤排放系统

台湾地区有四个核电站,其中三个正在运行,另一个在建设中(目前暂停)。截至2016年,核电占台湾总电力的13.5%。在福岛核事故发生后,台湾核能管理部门(AEC)要求台湾电力公司(TPC)重新审查现行的应急操作规程(EOP),研究这些战略,并为每个核电站增加严重事故预防和缓解所需的设施。相关部门已经提出了诸如改进的应急操作规程和最终响应指南(URG)策略的几个想法,并且计划了诸如第五紧急柴油发电机的一些设施。同时,已提出若干订单和报告,如EA-12-050、EA-13-109和SECY-12-0157,以解决通过强化安全壳排放系统、SA-HCVS和安全壳过滤排放系统进行安全壳排放问题。相关部门建议将安全壳过滤排放系统安装在核电站上,但暂停或接近退役的核电站除外。台湾地区核电站和计划中的安全壳过滤排放系统的现状如表E-3所示。Maanshan核电站的安全壳过滤排放系统仍处于规划阶段,因此细节可能会有所变化。

表 E-3　台湾地区核电站安全壳过滤排放系统现状

核电站	类型	电站现状	预计关闭时间	安全壳过滤排放系统情况
Chinshan	BWR	机组 1：暂停 机组 2：全面检修	2018 年 11 月 2019 年 7 月	取消
Kuosheng	BWR	机组 1：运行 机组 2：全面检修	2021 年 12 月 2023 年 5 月	取消
Maanshan	PWR	机组 1：运行 机组 2：运行	2024 年 7 月 2025 年 5 月	计划安装气溶胶过滤器＋碘过滤器
Lungmen	ABWR	机组 1：暂停 机组 2：暂停	—	取消

　　图 E-4 显示了 Maanshan 核电站计划中的安全壳过滤排放系统示意图。如果适用,安全壳过滤排放系统管道系统将使用原始排放管道。安全壳过滤排放系统的阀门和管道的某些部分是新建的,例如烟囱(在结构厂房上方释放气体)、气动阀门(AOVs)、温度和压力表,以及过滤器建筑物等。台湾核能管理部门规定,安全壳过滤排放系统的要求是:对于气溶胶,DF＞10 000;对于元素碘,DF＞500;未发现针对有机碘的去污因子,但建议 DF＞50。

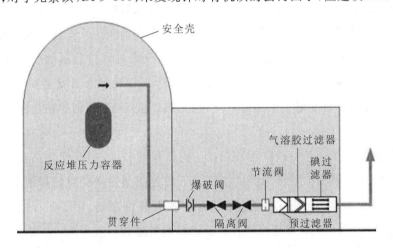

图 E-4　Maanshan PWR 中计划安装的安全壳过滤排放系统

　　在安全壳设计压力下,当蒸汽流量达到 1% 的运行热功率时安全壳过滤排放系统运行。该系统应能够在全厂断电情况下非能动并独立地工作至少 24 h,并在事件发生后七天内持续工作。此外,根据 EA-13-109 的要求,安全壳过滤排放系统应能够在高达 450 K 的温度下留存衰变热并释放气体。Maanshan 核电站安装安全壳过滤排放系统的时间表待定。

E.3　日本

　　在日本,已经针对机械故障或人为因素等内部事件采取了确保安全壳完整性的安全措施。然而,在福岛核事故发生后,电力公司需要针对地震和海啸等外部事件实施更全面的安全对策。

　　在福岛核事故期间,由于反应堆 2 号机组的安全壳破裂,大量放射性核素被释放到环境中。作为确保安全壳结构完整性和减少放射性核素释放的策略,安全壳过滤排放系统已被提议安装。截至目前,供应商正在进行积极的研究和开发,电力公司提出安装计划,以重启日本的核电站。东京电力公司(TEPCO)对开发的安全壳过滤排放系统进行了性能测试,以验证高温蒸汽流中气溶胶的去污因子(DF)。结果证实,对于气溶胶,DF＞1000。此外,测试了含银沸石的吸收性能,结果表明,即使在气体略微过热的条件下,对于 CH_3I,DF＞50。所开发的安全壳过滤排放系统已安装在 Kashiwazaki Kariwa 核电站上。

在日本核管理局(NRA)的监督下,包括 Chubu、Chugoku、Kawamura 和 TEPCO 在内的电力公司正在开发用于 BWR 和 PWR 的安全壳过滤排放系统安装程序。在本节中,我们将回顾日本的安全壳过滤排放系统类型,并了解日本核电站安全壳过滤排放系统开发的现状。

E.3.1 日本的安全壳过滤排放系统类型

日本提出了两种类型的安全壳过滤排放系统,即干式过滤系统和湿式洗涤过滤系统。根据先前的研究,从主反应堆系统释放的大部分碘是碘化铯(颗粒),其余的是气相形式。干式过滤系统利用气溶胶过滤介质捕获具有长半衰期的气溶胶(例如 Cs)和碘过滤介质捕获短半衰期的碘放射性同位素。干式过滤介质由金属纤维制成,可安装在安全壳的内部/外部,或安装在 PWR 安全壳中的间隙层。预计操作安全壳过滤排放系统后过滤介质会受到高辐射污染,因此建议将干式过滤系统安装在分离区域,以确保人员安全。对于半衰期短的含碘物质,预计在操作后辐射水平迅速下降,但是出于安全考虑,仍应在过滤介质周围安装屏蔽材料。

湿式洗涤过滤系统用于捕获气溶胶和碘。由于尺寸较大,需要安装在安全壳外或反应堆建筑物的屋顶上。图 E-5 所示为湿式洗涤加干式过滤型安全壳过滤排放系统的示意图。来自反应堆系统的气体将经历三个过滤阶段:① 文丘里洗涤器,用于留存大部分气溶胶和元素碘;② 金属纤维,用于捕获通过文丘里洗涤器的气溶胶和液滴;③ 含银沸石(AgX)过滤器。在第一个过滤阶段,蒸汽/气体混合物被分解成小气泡以增强过滤。重要的是,要使这个阶段内的压降最小化,以确保正常运行。筑波大学和日本原子能机构(JAEA)进行了文丘里洗涤器部分中有关自吸和流体动力学现象的一些基本试验。对于含银沸石过滤器,银和碘之间的化学反应可以形成碘化银(AgI),旨在通过该系统留存 99.99% 的放射性物质。在安全壳过滤排放系统运行之后,污染的过滤水可以被输送到安全壳的水池中,以降低安全壳过滤排放系统台架周围的辐射水平。

湿式洗涤和干式过滤安全壳过滤排放系统都用于 PWR。如图 E-6 和图 E-7 所示,湿式洗涤过滤器放置在安全壳外部,也称为加压安全壳容器(PCV),而干式过滤器放置在反应堆厂房或 PCV 内部。安全壳过滤排放系统的所有结构都经过精心设计,能够承受现场潜在的地震。对于 PWR,可以由现有的安全壳通风管道连接安全壳过滤排放系统入口。为了防止排放气流绕过其他部件,建议在管道上使用故障自动关闭阀门并提高通风管道的高度。

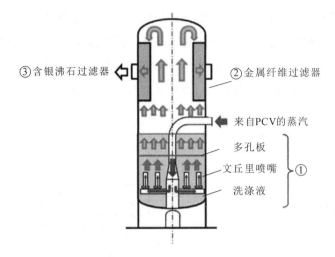

图 E-5　湿式洗涤加干式过滤型安全壳过滤排放系统

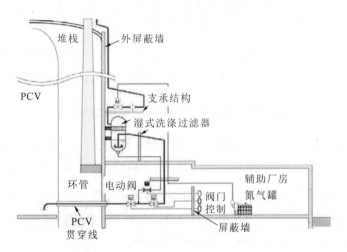

图 E-6　PWR 中的湿式洗涤安全壳过滤排放系统

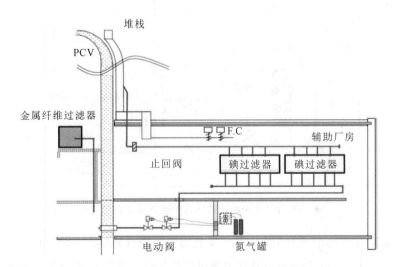

图 E-7　PWR 中的干式过滤安全壳过滤排放系统

安全壳过滤排放系统的操作流程由日本核供应商提出。安全壳过滤排放系统设计为在安全壳压力达到最大操作压力的200%(仍然低于安全壳的设计压力)时启动,并且应继续过滤通风,直到安全壳压力下降到最大操作压力水平。预期的安全壳压力趋势以及安全壳过滤排放系统操作如图 E-8 所示。安全壳过滤排放系统的推荐设计容量要求在严重事故的前48 h内排放。

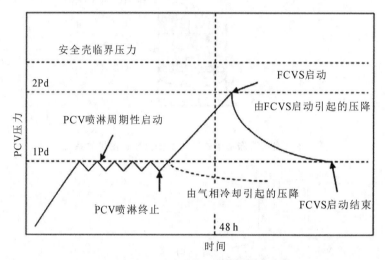

图 E-8　由于安全壳过滤排放系统引起的预期的安全壳降压

通常,湿式洗涤安全壳过滤排放系统用于 BWR 电站,但有一些例外,同时使用湿式洗涤和干式过滤。如图 E-9 所示,通风管道与安全壳和抑制室连接。为了最大限度地减少受放射性物质影响的面积并降低结构损坏的风险,安全壳过滤排放系统安装在反应堆建筑物外,提供了手动控制的可行性。这是因为反应堆内的辐射水平可能很高。

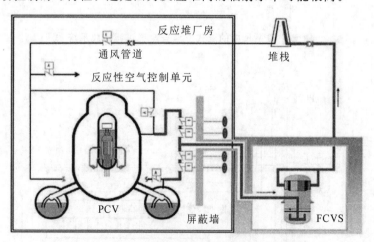

图 E-9　BWR 中的湿式洗涤安全壳过滤排放系统

图 E-10 显示了电力公司在 BWR 工厂安装的安全壳过滤排放系统。四个湿式洗涤安全壳过滤排放系统单元与安全壳和抑制室的通风管道并联。通过湿洗处理过的气体由金属纤维过滤器过滤,然后通过排放管道排放到大气中。安全壳过滤排放系统放置在反应堆建筑物外部,因此可以与其他反应堆组件隔离。此外,用于湿洗的化学物质储存在安全壳过滤排放系统厂房中,以便于注入或排出洗涤液。为了防止安全壳释放的气体转移到可能导致氢气爆燃的其他系统,安全壳过滤排放系统中的管道应独立于其他安全系统。为了在事故期间提供可行的控制,安全壳过滤排放系统进气阀可通过直流电源或空气促动器操作,以便即使在全厂断电情况下也可以进行排放。

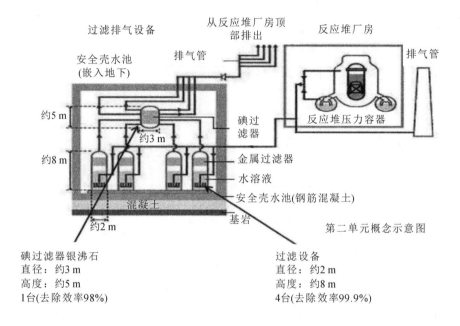

图 E-10　BWR 中建议的安全壳过滤排放系统安装

E.4　韩国

在过去十年中,核电在韩国迅速发展。目前,韩国约有 30％ 的电力来自核电。福岛核事故发生后,核专家和监管部门对韩国核电站的运行和建设进行了几次特别安全检查。根据检查结果,制定了 56 项旨在加强核电站安全的行动项目,其中 10 项与严重事故缓解策略的强化有关。这些项目规定应配备安全壳排放或减压系统,以防止安全壳在严重事故过程中因过度加压而失效。因此,韩国水电与核电公司决定为其在运电站安装安全壳过滤排放系统。表 E-4 显示了韩国在运核电站的安全壳过滤排放系统的现状。

2012 年,KHNP 在 Wolsung 1 号机组上安装了阿海珐的湿式洗涤系统。安装的安全壳过滤排放系统由几个浸没在洗涤池中的文丘里喷嘴、水池上方的金属纤维过滤器和金属纤维过滤器上游的去雾器或预过滤器组成。同样类型的安全壳过滤排放系统也预计安装在 Wolsung 2 号、3 号和 4 号机组上。韩国电力公社(KHNP)要求在 PHWR 中该安全壳过滤排放系统应满足:对于气溶胶,DF>1000,对于元素碘,DF>100,对于有机碘,DF>5。与此同时,KHNP 决定为下列 PWR 装置安装这种湿式洗涤器系统:Kori 机组 2、3、4,Hanul 机组 1、2,Hanbit 机组 1、2。

表 E-4　韩国在运行核电站的安全壳过滤排放系统

电站名称	类型	功率	安全壳过滤排放系统现状
Wolsung 机组 1	PHWR	679 MW	湿式洗涤类型安装于 2012 年
Wolsung 机组 2、3、4	PHWR	700 MW	已决定安装湿式洗涤类型
Kori 机组 1 *	PWR	650 MW	—
Kori 机组 2	PWR	650 MW	已决定安装湿式洗涤类型
Kori 机组 3、4	PWR	950 MW	
Hanul 机组 1、2	PWR	950 MW	
Hanbit 机组 1、2	PWR	950 MW	
Hanul 机组 3、4、5、6	OPR1000(PWR)	1000 MW	计划
Hanbit 机组 3、4、5、6	OPR1000(PWR)	1000 MW	
Shin-Kori 机组 1、2	OPR1000(PWR)	1000 MW	
Shin-Wolsung 机组 1、2	OPR1000(PWR)	1000 MW	
Shin-Kori 机组 3、4、5、6	APR1400(PWR)	1400 MW	—
Shin-Hanul 机组 1、2	APR1400(PWR)	1400 MW	

与 PHWR 中安全壳过滤排放系统的去污因子要求相比,由于 PHWR 和 PWR 之间的差异,例如安全壳排放气流中潜在的较低 pH 值,PWR 中安全壳过滤排放系统对有机碘的去污因子要求从 DF>5 增加到 DF>50,因为在 PWR 冷却剂中使用了硼酸。对于其余 12 个运行的核电站,包括 Hanul 机组 3~6,Hanbit 机组 3~6,Shin-Kori 机组 1、2 以及 Shin-Wolsung 机组 1、2,计划安装安全壳过滤排放系统并确定安全壳过滤排放系统的类型。另一方面,正在建设的 6 个核电站,如新光系机组 3~6 和新汉武尔 1 号和 2 号机组,配备紧急安全壳喷雾备用系统(ECSBS),取代安全壳过滤排放系统实现在严重事故期间安全壳减压。

与此同时,韩国本土安全壳过滤排放系统项目于 2013 年启动,由韩国贸易工业能源部(MOTIE)资助,由 FNC Technology、KHNP 和包括韩国原子能研究所(KAERI)在内的研究机构和公司组成的联盟一直致力于该项目。该项目设计了一种湿式洗涤安全壳过滤排放系统,具有多个过滤阶段,如带有池洗涤的洗涤喷嘴、液滴分离器和金属纤维过滤器。安装具有含银沸石的分子筛以提高有机碘的过滤效率。该安全壳过滤排放系统的概念设计如图 E-11 所示。

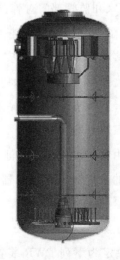

图 E-11　韩国安全壳过滤排放系统的概念设计

关于该安全壳过滤排放系统的热工水力特性、气溶胶和气态碘洗涤的功能性试验已在进行。试验方案分为三类:过滤组件测试、整体测试和第三方测试。过滤组件测试主要在FNC Technology 进行。由 KAERI 进行的整体测试是在全高度、小面积的设施中进行气溶胶留存和碘消除,包括所有过滤阶段。初步试验结果表明,气溶胶的去污因子超过 40 000。此外,还研究了气溶胶的尺寸分布。系统的可靠性将由在瑞士 Paul Scherrer Institute(PSI)进行的第三方测试验证。同时,在各种运行条件下研究了安全壳过滤排放系统的辐射屏蔽,并且通过数值模拟获得了严重事故条件下的安全壳排放策略。韩国安全壳过滤排放系统已经设计完成,预计将成为韩国核电站的安装选项之一。

E.5 印度

2017 年,印度有 22 个在运行的反应堆机组和 6 个在建机组,发电量占总发电量的3.4%。据报道,印度计划发展核能,到 2050 年提供 25% 的电力。核能的安全保障对实现这样的计划起着至关重要的作用。目前,关于印度核电站的严重事故缓解和安全壳过滤排放系统的可用信息不多。有报道关于文丘里洗涤器中模拟放射性核素洗涤行为测量的研究正在印度相关机构中进行。印度核电公司还在调查包括安全壳过滤排放系统在内的选项,以保证严重事故期间安全壳的完整性,并对 TAPS 机组 1、2 的安全壳过滤排放系统进行评估和确认测试。

E.6 总结和讨论

目前,亚洲核能发展迅速,尤其是中国、印度、韩国等国家。此外,东亚和南亚的一些国家正在建设或规划新的核电站,包括越南、泰国、马来西亚和孟加拉国。在福岛核事故发生后不久,亚洲国家进行了广泛的严重事故缓解方面的调研和评估。政府和机构投入了大量资金和资源进行研究和测试,促进安全壳过滤排放系统设计的创新和升级。安全壳过滤排放系统的基本标准是过滤效率,或另一种形式——去污因子。针对三种主要放射性产物——气溶胶、元素碘和有机碘,表 E-5 总结了亚洲安全壳过滤排放系统的典型去污因子推荐值。应注意,随着技术与监管政策的改变,该数据可能发生变化。

表 E-5 亚洲安全壳过滤排放系统推荐的去污因子值

产物	去污因子			
	中国 (不含港澳台数据)	日本	韩国	中国台湾地区
气溶胶	1000	1000	1000	10 000
元素碘	100	1000	100	500
有机碘	50	50	50	50

译者注：

附录 E 内容来自：*Overview of Filtered Containment Venting System in Nuclear Power Plants in Asia*. Yang J，Lee D Y，Miwa S，Chen S W. Annals of Nuclear-Energy 199，2018.（不属于原报告内容）

附录 E 中的参考文献亦参见上述论文，不再详细列出。

附录 E 内容主要由董世昌翻译。

附录F
压水堆核电站安全壳过滤排放系统设计准则

中国压水堆核电站安全壳过滤排放系统设计准则请参见能源行业标准《压水堆核电厂安全壳过滤排放系统设计准则》。备案号：57419—2017。标准编号：NB/T 20419—2017。发布日期：2017-02-10。实施日期：2017-07-01。发布单位：国家能源局。

译者注：本节不属于原报告内容。

参考文献

［1］Proceedings of the Specialists' Meeting on Filtered Containment Venting Systems，Paris，May 17-18，1988，OECD/NEA/CSNI Report N° 148，1988

［2］Note on the Outcome of the May 1988 Specialists' Meeting on Filtered Containment Venting Systems，OECD/NEA/CSNI Report 156，1988

［3］Summary Records of the Kick-off Meeting of the WGAMA Task Group on Filtered Containment Venting Held at the OECD Conference Centre，Paris，France，28 September 2012

［4］CNSC，"CSNC Fukushima Task Force Report"，INFO-0824，2011

［5］CNSC，"Requirements for Containment Systems for CANDU Nuclear Power Plants，" R-7，1991

［6］CNSC，"Design of New Nuclear Power Plants，" RD-337 rev. 2，2012

［7］CNSC，"Accident Management：Severe Accident Management Programmes for Nuclear Reactors，" REGDOC-2. 3. 2，2013

［8］CSA，"Requirements for the Containment System of Nuclear Power Plants，" N290. 3-11，2011

［9］IAEA，"Basic Safety Principles for Nuclear Power Plants，" INSAG-12，1999

［10］YVL 1. 0-Safety criteria for design of nuclear power plants，12 January 1996，http://www. edilex. fi/stuklex/en/lainsaadanto/saannosto/YVL1. 0

［11］Routamo T.，European Stress Tests for Nuclear Power Plants-National Report-Finland，STUK Report 3/0600/2011，2011

［12］Rasmussen N et al.，Reactor Safety Study—An Assessment of Accident Risks in US Commercial Nuclear Plants，Report WASH-1400（NUREG 75/014），USNRC，1975

［13］Special Issue of Annals of Nuclear Energy，Phebus FP Final Seminar，61，pp. 1-229，2013

［14］L. E. Herranz，T. Lind，K. Dieschbourg，E. Riera，S. Morandi，P. Rantanen，M. Chebbi，N/ Losch，PASSAM "State of the Art Report"，Technical bases for Experimentation on Source Term Mitigation Systems, PASSAM-THEOR-T04 [D2. 1], 2013

[15] Überprüfung der Sicherheit der Kernkraftwerke mit Leichtwasserreaktor in der Bundesrepublik Deutschland, Ergebnisprotokoll der 218. RSK-Sitzung am 17. 12. 1986 und der 222. RSK-Sitzung vom 24. 06. 1987

[16] Gesellschaft für Reaktorsicherheit, (GRS) mbH, German Risk Study on Nuclear Power Plants, Phase B, GRS-A-1600, 1989

[17] EU Stress Tests Report of Germany, BMU, 31 October 2011

[18] Abschlussbericht über die Ergebnisse der Sicherheitsüberprüfung der Kernkraftwerke in der Bundesrepublik Deutschland durch die RSK, Ergebnisprotokoll der 238. RSK-Sitzung am 23. 11. 1988

[19] Spezifikationen für Filtersysteme in den Druckentlastungsstrecken des Sicherheitsbehälters von Druckwasserreaktoren und Siedewasserreaktoren, Stellungnahme der RSK, 253. Sitzung am 30. 05. 1990

[20] Spezifikationen für Filtersysteme in den Druckentlastungsstrecken des Sicherheitsbehälters von Druckwasserreaktoren und Siedewasser-reaktoren, Stellungnahme der RSK, 263. Sitzung am 24. 06. 1991

[21] (a) U. S. Nuclear Regulatory Commission, "Prioritization of Recommended Actions To Be Taken in Response to Fukushima Lessons Learned," SECY-11-0137, October 3, 2011

(b) U. S. Nuclear Regulatory Commission, "Recommendations for Enhancing Reactor Safety in the 21st Century," The Near-Term Task Force Review of Insights from the Fukushima Dai-Ichi Accident, July 12, 2011

(c) U. S. Nuclear Regulatory Commission, "Order Modifying Licenses with Regard to Reliable Order EA-12-050, Hardened Containment Vents," Order EA-12-050, March 9, 2012.

[22] U. S. Nuclear Regulatory Commission, "Consideration Of Additional Requirements for Containment Venting Systems for Boiling Water Reactors With Mark I And Mark II Containments," SECY-12-0157, November 2012

[23] U. S. Nuclear Regulatory Commission, "Order Modifying Licenses with Regard to Reliable Hardened Containment Vents Capable of Operation Under Severe Accidents," Order EA-13-109, June 6, 2013.

[24] EU Stress Tests Report, European Commission, Press Release, Brussels, 4 October 2012; http://www. ensreg. eu/EU-Stress-Tests/EU-level-Reports

[25] IAEA, "Severe Accident Management Programmes for Nuclear Power Plants,"

Safety Guide No. NS-G-2.15, 2009

[26] IAEA, "Design of Reactor Containment Systems for Nuclear Power Plants," Safety Guide No. NSG-1.10, 2004

[27] IAEA, "Preparedness and Response for a Nuclear or Radiological Emergency," Requirements No. GS-R-2, 2002

[28] IAEA, "Criteria for Use in Preparedness and Response for a Nuclear or Radiological Emergency," Safety Guide No. GSG-2, 2011

[29] M. V. Kaercher, Design of a Pre-filter to Improve Radiation Protection and Filtering Efficiency of Containment Venting System, 21st DOE/NRC Nuclear Air Cleaning Conference, San Diego, California, USA, August 13-16,1990

[30] State of the Art Report on Iodine Chemistry, Report NEA/CSNI/R (2007) 1, 2007

[31] R. C. Cripps, B. Jäckel, S. Güntay, On the Radiolysis of Iodide, Nitrate and Nitrite Ions in Aqueous Solution: An experimental and Modelling study, Nuclear Engineering and Design 241, pp. 3333-3347, 2011

[32] Iodine Chemistry and Mitigation Mechanisms (ICHEMM), EU-6th Framework Project, Sharedcost Action FIKS-CT1999-00008, FISA-2003 Symposium, Luxembourg, November 2003

[33] Guentay, H. Bruchertseifer, H. Venz, F. Wallimann, A Novel Process for Efficient Retention of Volatile Iodine Species in Aqueous Solutions during Reactor Accidents, OECD Workshop on "Implementation of Severe Accident Management Measures, ISAMM 2009", Schloss Böttstein, Switzerland, 2009

[34] P. Zeh, A. Stahl, F. Funke, S. Buhlmann, Impact of Aliquat®336 Addition on Organic Iodide Retention in Containment Venting Scrubbing Solutions for Mitigation of Severe Accidents, Spanish Nuclear Society 37 Meeting, Sept. 2011

[35] A. Stahl, P. Zeh, S. Buhlmann, Impact of Aliquat®336 Addition on Organic Iodine Retention in Containment-Venting-Scrubbing Solutions for Mitigation of Severe Accidents, Annual Meeting on Nuclear Technology, Berlin, 2013

[36] S. Guentay, PSI Iodine Management Process, US-NRC CSARP Meeting, Bethesda,Maryland, 17-19 September 2013

[37] K. Takeshita, Y. Nakano, Prediction of a Breakthrough Curve of Iodine on a Reduced Silverloaded Adsorber Bed, Nuclear Technology, Vol 133, pp 338-345, 2001

[38] Binxi Gu, Radiation and Thermal Effects on Zeolites, Smectites and Crystalline Silicotitanates, PhD Thesis, University of Michigan 2001, or similar

[39] Handling and Use of *IONEX*-type Silver-Exchanged Molecular Sieves, http://www.cchem.com/zeolite/techdata.html

[40] T. R. Thomas, B. A. Staples, L. P. Murpily Dry Method for Recycling Iodine-Loaded Silver Zeolite, United States Patent, 4,088,737, May 9, 1978

[41] B. A. Stables, et. al. , Airborne Elemental Iodine Loading Capacities of Metal Zeolites and A Dry Method for Recycling Silver Zeolite, 14 ERDA Air Cleaning Conference, or similar

[42] D. C. Walsh, J. LT. Stenhouse, K. L. Scurrah, A. Graef, The Effect of Solid and Liquid Aerosol Particle Loading on Fibrous Filter Material Performance, J. Aerosol Science, Vol 21, Suppl. I, pp. s617-s618, 1996

[43] D. Thomasa, et. al. , Clogging of Fibrous Filters by Solid Aerosol Particles, Experimental and Modeling Study, Chemical Engineering Science 56, pp. 3549 – 3561, 2001 or similar

[44] H. -G. Dillmann, J. G. Wilhelm, Investigations into the Design of a Filter System for PWR Containment Venting, 21st DOE/NRC Nuclear Air Cleaning Conference, San Diego, California, USA, August 13-16, 1990

[45] T. Frising, D. Thomas, D. Bémer, P. Contal, Clogging of Fibrous Filters by Liquid Aerosol Particles: Experimental and Phenomenological Modelling Study. Chemical Engineering Science 60, pp. 2751-2762, 2005

[46] A. Auvinen, Vaporisation Rates of CsOH and CsI in Conditions Simulating a Severe Nuclear Accident, J. Aerosol Sci. Vol. 31, No. 9, pp. 1029-1043, 2000, or similar

[47] D. Fries, W. Tietsch, R. Oberländer, B. Krooes, and H. Martinsteg, The Dry Filtering Method for Passive Filtered Venting of Containment, Westinghouse Mannheim and YIT Aachen, Germany, Annual Meeting on Nuclear Technology, Berlin, 2013

[48] M. Berlin, M, Delalande, Research and Development on the Venting and Filtering System for Pressurized Water Reactor Containments, Proceedings of the Specialists' Meeting on Filtered Containment Venting Systems, Paris, May 17-18, 1988, OECD/NEA/CSNI Report N° 148, 1988

[49] S. Guieu Prevention of Delayed Containment Failure, The Sand-Bed Filter Characteristics and Role in Severe Accident Management, OECD Workshop on Implementation of Severe Accident Management Measures, PSI-Villigen, Switzerland, 2001, NEA/CSNI/R(2001)20

[50] Proceedings of the 21st DOE/NRC Nuclear Air Cleaning Conference, San Diego, California, August 13-16, NUREG/CP-0116, 1990

[51] Proceedings of the 22nd DOE/NRC Nuclear Air Cleaning Conference, Denver, Colorado, August 24-27, 1992, NUREG/cp-0130

[52] State-of-the-Art Report on Nuclear Aerosols, NEA/CSNI/R(2009)5

[53] Technical Foundation of Reactor Safety, Revision 1, Knowledge Base for Resolving Severe Accident Issues, EPRI Report 1022186, October 2010

[54] J.-E. Holmberg and M. Knochenhauer, Probabilistic Safety Goals, Phase 1-Status and Experiences in Sweden and Finland, NKS-153, ISBN 978-87-7893-216-7, March 2007

[55] OECD/NEA/CSNI Report, Probabilistic Risk Criteria and Safety Goals, NEA/CSNI/R(2009)16, 2009

[56] Advanced Safety Assessment Methodologies: Level 2 PSA (European Best Practices L2 PSA guidelines, ASAMPSA2, EU 7 Framework Project, Project No: 211594, 2013

[57] Distribution and Administration of Potassium Iodide in the Event of a Nuclear Incident, Committee to Assess the Distribution and Administration of Potassium Iodide in the Event of a Nuclear Incident, Board on Radiation Effects Research Division on Earth and Life Studies, National Research Council of the National Academies, The National Academies Press Washington, D.C, 2014

[58] S. Guentay, Containment Venting Filter: Current Developments, Annual Meeting on Nuclear Technology, 14-16 May 2013, Estrel Berlin, Germany

[59] N. Girault, F. Payot, Insights into Iodine Behaviour and Speciation in the Phebus Primary Circuit, Annals of Nuclear Energy 61, pp. 143 – 156, 2013

[60] B. Simondi-Teisseire, N. Girault, F. Payot, B. Clément, Iodine behaviour in the Containment in Phebus FP tests, Annals of Nuclear Energy, 61, pp. 157-169, 2013

[61] S. Guentay, R. Cripps, B. Jaeckel, H. Bruchertseifer H., On the Radiolytic Decomposition of Colloidal Silver Iodine in Aqueous Suspension, Nucl. Technol., 150, pp. 303-314, 2005

[62] L Soffer, S. B. Burson, C. M. Ferrell, R. Y. Lee, J. N. Ridgely, Accident Source Terms for Light-Water Nuclear Power Plants, NUREG-1465, 1995

[63] Special Issue of Annals of Nuclear Energy, Phebus FP Final Seminar, 61, pp. 1-229, 2013

[64] OECD/NEA/THAI Final Report, OECD/NEA/CSNI Report NEA/CSNI/R(2010)3

[65] OECD/NEA/BIP Final Summary Report, OECD/NEA/CSNI Report NEA/

CSNI/R(2011)11

[66] E. Raimond, B. Clément B., J. Denis, D. Vola, Use of Phebus FP and other FP Programmes Atmospheric Radioactive Release Assessment in case of a Severe Accident in a PWR (Deterministic and Probabilistic Approaches Developed at IRSN), Annals of Nuclear Energy, 61, pp. 190-198, 2013

[67] Electric Power Research Institute, "Investigation of Strategies for Mitigating Radiological Releases in Severe Accidents BWR Mark I and Mark II Studies," September 2012

[68] U. S. Nuclear Regulatory Commission, "State-of-the-Art Reactor Consequence Analyses SOARCA) Report," NUREG-1935, November 2012

[69] Sandia National Laboratories, "Fukushima Daiichi Accident Study (Status as of April 2012)," SAND2012-6173, July 2012

[70] L. Pascucci-Cohen, P. Momal, Massive Radiological Releases Profoundly Differ from Controlled Releases, Eurosafe Conference, Brussels, 5-6 November, 2012

[71] R.E. Bazan, M. Bastos-Neto, A. Moeller, F. Dreisbach, R. Staudt, Adsorption Equilibria of O_2, Ar, Kr and Xe on Activated Carbon and Zeolites: Single Component and Mixture Data, Adsorption, 17, pp. 371-383, 2011

[72] Public References used for the Description of the French FCVS System

(a) A. L'Homme, J. Royen, October 1985-"dispositifs de dépressurisation et de filtration de l'atmosphère interne de l'enceinte de confinement d'un réacteur nucléaire en cas d'accident grave"-Proceedings of a European conference about gaseous effluent treatment in nuclear installations – Luxembourg, LUX, 14/18 October 1985

(b) S. Guieu and al., March 1988-"Système de décompression-filtration des enceintes: conditions d'emploi et recherché et développement associés" Proceedings of an OECD/NEA symposium on severe accidents in nuclear power plant -Sorrento, Italy, March 21/25, 1988

(c) M. Berlin, J. Delalande, May 1988-"Research and development on the venting and filtering system for pressurized water reactor containments (procedure U5)" -Proceedings of the CSNI specialist meeting on filtered containment venting systems-Paris, France, May 17/18, 1988

(d) E. Jouen, May 1988-"Containment venting systems-Sand bed filter: description, operating procedure, implementation programme" -Proceedings of the CSNI specialist meeting on filtered containment venting systems-Paris, France, May 17/18, 1988

(e) J. Pelcé and al., May 1988-"Containment venting systems: motivations and objectives" -Proceedings of the CSNI specialist meeting on filtered containment venting systems-

Paris，France，May 17/18，1988-OECD/NEA CSNI Report n°148，1988

(f) M. Kaercher，August 1990-"Design and full scale test of a sand bed filter"-Proceedings of the 21st DOE/NRC nuclear air cleaning and treatment conference-San Diego，California (USA)，August 13/16，1990

(g) S. Guieu，M. Berlin，September 1991-"French containment filtering and venting system：presentation，associated research and development"-Technical committee meeting on experience with containment filtering and venting"-Stockholm，Sweden，September 10/13，1991

(h) M. Kaercher，August 1992-"Design of a pre-filter to improve radiation protection and filtering efficiency of the containment venting system"-Proceedings of the 22nd DOE/NRC nuclear air cleaning and treatment conference -Denver，Colorado (USA)，August 24/27，1992

(i) S. Guieu，September 2001-"Prevention of Delayed Containment Failure：the Sand-Bed Filter. Characteristics and Role in Severe Accident Management"-OECD/SAMI Workshop on the implementation of severe accident management measures-Paul Scherrer Institute，Villingen，Switzerland，September 10/13，2001，NEA/CSNI/R (2010) 10

[73] L. D. Weber，Technical Brief：Stainless Steel Filters for Nuclear Air Cleaning，Proceedings of the 21st DOE/NRC Nuclear Air Cleaning Conference，San Diego，CA，August 13-16，1990，NUREG/CP-0116-Vol. 1，pp. 424-434，1991

[74] Gefilterte Druckentlastung für den Sicherheitsbehälter von Leichtwasserreaktoren，Anforderungen für die Auslegung，HSK R40，March 1993

[75] A. Dehbi，D. Suckow，S. Guentay，Aerosol Retention in Low-subcooling Pools under Realistic Accident Conditions"，Nuclear Engineering and Design，203，pp. 229-241，2001

[76] T. Lind，D. Suckow，A. Dehbi，S. Guentay，Aerosol Retention in the Flooded Steam Generator Bundle during SGTR，Nuclear Engineering and Design，241，pp. 357-365，2011

[77] A. Dehbi，D. Suckow，S. Guentay，Results from the Artist Flooded Bundle Tests，Annual Meeting of American Nuclear Society，Anaheim，CA，USA，June 8-12，2008

[78] S. Guentay，"CCI-EWE Filter Qualification Programme Related to the PSEL-Project n. 201-Experimental Investigations of Organic Iodide and Elemental Iodine Retention-Executive Summary"，TM-42-10-28，Paul Scherrer Institut，Villigen，Switzerland，Confidential，2010

[79] S. Kielbowicz, Tests mit SULZER-Aerosolwäscher, Dok. Nr. 392/40465,199, 1, Confidential

[80] S. Guentay, D. Suckow, H. Leute, H. Knuchel, H. Schütt, P. Winkler, SULZER Containment Venting Filter Verification Experiments, Würenlingen-Villigen, PSI Report, No:96-04 /2, Confidential, 1996

[81] S. Guentay, H. Bruchertseifer, H. Venz, F. Wallimann, B. Jaeckel, A Novel Process for Efficient Retention of Volatile Iodine Species in Aqueous Solutions during Reactor Accidents, OECD/NEA Workshop for Implementation of Severe Accident Management (SAM) Measures, Paul Scherrer Institut, Villigen, Switzerland, Oct. 26-28, 2009